金属配饰

设计与欣赏

王愿石◎著

安徽师范大学出版社
ANHUI NORMAL UNIVERSITY PRESS
·芜湖·

图书在版编目(CIP)数据

金属配饰设计与欣赏 / 王愿石著. —芜湖: 安徽师范大学出版社, 2022.5
ISBN 978-7-5676-5081-7

Ⅰ. ①金… Ⅱ. ①王… Ⅲ. ①金属—首饰—设计 ②金属—首饰—鉴赏 Ⅳ. ①TS934.3

中国版本图书馆CIP数据核字(2021)第258978号

安徽高校人文社会科学研究重点项目"徽州传统手工艺传承中的技术产权保护与创新机制研究"(SK2017A0137)基金资助

金属配饰设计与欣赏 王愿石◎著
JINSHU PEISHI SHEJI YU XINSHANG

责任编辑: 吴毛顺
责任校对: 李　玲
装帧设计: 张德宝
责任印制: 桑国磊
出版发行: 安徽师范大学出版社
芜湖市北京东路1号安徽师范大学赭山校区　　邮政编码: 241000
网　　址: http://www.ahnupress.com/
发 行 部: 0553-3883578　5910327　5910310(传真)
印　　刷: 苏州市古得堡数码印刷有限公司
版　　次: 2022年5月第1版
印　　次: 2022年5月第1次印刷
规　　格: 787 mm × 1 092 mm　1/16
印　　张: 14
字　　数: 168千字
书　　号: ISBN 978-7-5676-5081-7
定　　价: 138.00元

前　言

随着社会的发展，人们的生活方式不断发生变化，很多传统手工艺品已不再是人们社会生活之必需，它们逐渐淡出了人们的视野。然而，在前工业化时期，手工艺人的劳作与社会发展有着很大的关系，传统手工艺是形成物质文化的重要因素，承载着传承文化的重任。

金属是人类最早利用的物质材料之一，对金属的认识和利用贯穿了整个人类发展史。元素周期表中大约有四分之三的元素是金属元素，这些元素又可形成一万多种合金。金属具有光泽，富有延展性、导热性等特性。金属材料丰富的种类和易成型的特性，给设计、制作者提供了广阔的空间。古往今来，金属作为工艺领域一大主流材质被制作成各种艺术品和实用工艺品，其范畴包括金属器皿、金属摆件、金属首饰、金属壁饰等，广泛地满足了人们的物质和精神需求。

不同的金属质感会给人以不同的视觉、触觉、心理及审美体验，如金属材料的坚硬与柔软、光滑与粗糙、冷与暖、对光的镜射与漫射，以及金属的色彩、肌理等。另外，不同的金属材料有着不同的美学表现力，如黄金的富丽堂皇、白银的高贵、青铜的凝重、钢铁的锋芒与冷峻等，这些都构成金属特有的魅力。

自从人类社会诞生，技术就与每个人息息相关，技术是知识进化的主体。自工业革命以来，各类金属加工工艺更是随着科技的进步一日千里，金属装饰艺术的表现理念和表现形式随着时代变化而发展。在现代艺术设计中，没有哪一个门类比金属工艺与科学技术的进步联系更为紧密了。相对于艺术的其他门类，金属工艺的发展更加依赖于技术与工艺的创新，它可以用最短的时间，把科技文明的成果转化为艺术领域的再创造。

我国的金工艺术教育开始于1987年中央工艺美术学院装饰艺术系，课程设置参考了欧美和日本的金工设计教育课程，同时还吸收了大量中国传统手工艺，如景泰蓝工艺、金属錾刻工艺、花丝工艺等。目前，我国设置金属工艺专业的相关高等院校已有20多所，这些高校大多在继承传统工艺的基础上结合现代设计理念进行了很多有益的探索。比如芜湖铁画研究制作机构与安徽师范大学美术学院、安徽工程大学艺术学院工艺美术系合作，铁画工艺美术师走进校园与大学生互动，既让当代大学生了解了传统工艺，又培养了广义传承人，为铁画的创新发展培养了后备力量。

本书主要从金属艺术发展史及各种类别的中国传统金属工艺出发，介绍了金属材料的一般特性、金属配饰的审美特征以及设计、制作的一般流程、表现手法等。阅读过程中，如果读者能够感受到我国古代金属工艺创造的伟大和艺术的光辉，体会各历史时期金属艺术的特色和民族风格，了解历代金工艺人卓越的设计思想和制作工艺，在创造更多、更好符合当代审美需求的金属艺术作品的过程中得到一些借鉴和启发，从而为中国金属艺术的发展做出贡献，笔者也算起到了抛砖引玉的作用，实现了多年的夙愿。

目　录

1　金属艺术概述 …………………………………………1

1.1　金属艺术 …………………………………………3

1.2　中国古代金属艺术 ………………………………4

1.3　国外金属艺术概述 ………………………………9

1.4　金属工艺 …………………………………………13

1.5　中国传统金属工艺 ………………………………17

1.6　创新的先秦青铜工艺 ……………………………36

2　金属配饰概述 …………………………………………45

2.1　金属配饰 …………………………………………47

2.2　金属配饰的起源与发展 …………………………49

2.3　金属配饰的种类与审美特征 ……………………56

3　金属配饰的材料语言 …………………………………67

3.1　金属配饰的材料语言 ……………………………69

3.2　常用金属材料的种类与特性 ……………………71

4　金属配饰设计 …………………………………………73

4.1　金属配饰设计的内涵 ……………………………75

4.2　金属配饰设计的原则 ……………………………75

4.3　金属配饰设计的时代性 …………………………77

5 金属配饰制作工艺 ……81

5.1 设备及安全规范 ……83
5.2 金属配饰制作工艺……100
5.3 芜湖铁画与工匠精神……111

6 金属配饰设计、制作范例 ……119

6.1 金属壁饰……121
6.2 金属配饰创作实例……125
6.3 金属首饰……134
6.4 金属器皿……143

7 作品欣赏 ……157

主要参考文献……215

后　记 ……217

1 金属艺术概述

1.1 金属艺术

金属是人类最早利用的物质材料之一，有光泽而不透明，富有延展性、导热性、导电性等特质。金属的世界丰富多彩，元素周期表中大约有四分之三的元素是金属元素，而这些元素又可形成一万多种合金。正因为金属材料的丰富性和易成型性，先人给我们留下了无比丰富的金属艺术品。

金属艺术是指用金、银、铜、铁、锡等金属材料，或以金属材料为主辅以其他材料，加工制作而成的具有艺术性的工艺品，也指艺术家以金属材质为创作媒介来表达自己思想或观念的艺术门类。金属艺术具有厚重、雄浑、华美以及典雅、精致的特点。金、银、铜、铁、锡等金属材料早已融入人们日常生活，具有装饰风格的金属艺术丰富了人们的物质和精神生活。

随着社会和科技的发展，装饰材料不断更新，金属因特点鲜明、风格多样、经济实用，在现代生活中被注入新的内容和生命，被广泛应用在建筑、家装及服装配饰设计中。

“工欲善其事，必先利其器”，是说工匠要想做好活，一定要先让工具锋利、好用，比喻要做好一件事，准备工作非常重要。因此，工具材料的发展必然伴随着科学技术的进步，而科学技术的进步直接推动着金属工艺的发展变革。

从人类文明开始，技术就与每个人息息相关，技术是知识进化的主体。在现代艺术设计中，没有哪一个门类比金属工艺与科学技术的进步联系更为紧密。相对于艺术的其他门类，金属工艺的发展更加依赖于技术与工艺的创新，它可以用最短的时间，把人类科技文明的成果转化为艺术领域的再创造。

1.2 中国古代金属艺术

中国古代金属艺术的创作和使用虽晚于古埃及和美索不达米亚等地区，但因其独特的造型和纹饰以及高超的工艺技巧而蜚声世界。中华民族在其漫长的发展岁月中，以勤劳和智慧为人类创造了丰富而具有永恒魅力的金属艺术。那些蕴含着中华民族文化精神和审美意识，具有独特美学特质的金属艺术品，成为人类文化宝库中的瑰宝。

中国古代金属工艺主要包括景泰蓝、包金、错金、冲线错金、金花丝镶嵌、斑铜工艺、锡制工艺、铁画、金银首饰等。

中国最早的金属艺术，有据可查的是新石器时代中期的马家窑文化、大汶口文化及稍晚的乔家文化等遗址中出土的铜制品。金制品在商代开始出现。古代，金属制品多为王公贵族所享用，尤其是贵重金属制品。战国时期，出现了由多种金属材料结合、金属与非金属材料（玉石、琉璃）结合的制品。汉代能生产精巧的金银丝编结、堆垒和镶嵌制品。唐代是金属艺术尤其是银制工艺的鼎盛时期，发明了有浅浮雕效果的金银錾凿工艺。唐代由于金属制品需求量大，工艺发展迅速，出现了大量民间作坊。唐代的金银器皿生产繁荣，但风格受异域文化的影响较深，早期很多金银器都呈现出异国情调。从唐晚期至宋代，金银器的审美风格逐渐完成从华丽繁复向清秀细腻的转变。

到宋代，金银器生产几乎鲜有异域文化的特点，金银工艺表现出强烈的民族化、民间化和生活化的特征。宋代金银器虽不及唐代那样丰满富丽，但它是在唐代基础上不断创新发展而来，它在融入民族文化、实现工艺本土化的历程中，逐渐形成了具有鲜明民族特色和时代特点的崭新风貌，其典雅秀美的民族风格与宋代艺术的总体风格是一致的。这时候，耗金量大、工艺厚实的金银铸造工艺已经不再普遍使用，取而代之的主要是以模压成型和锤鍱成型为主的工艺。此外，为降低成本而“以银代金”的鎏金银器，得到了社会大众的广泛青睐。同时，宋代特有的夹层套接工艺以及高浮雕凸花和立体装饰工艺，为这一时期的金银器工艺注入了民族化的新活力，并为元代及以后金银器工艺的发展奠定了基础。

由于冶炼技术不断进步，金属材料品种增多，金属工艺品有了很大发展，明、清两代民间制作金属艺术品已经较为普遍，不仅有多种金属和多种材料并用的艺术品，而且有多种工艺相结合的艺术品。

我国古代不乏精美绝伦的金属艺术品，如鼎、炉等，但金属艺术品还是以实用为基本目的。它们始终以工具或器皿的名称出现，即使是青铜礼器也是如此，这种为世俗生活而造，而又高于世俗生活的审美意象和造型方式，体现了中国文化的特色。它们孕育了数千年来中国艺术“以形写神”“形神兼备”的美学思想。(图1–1、图1–2)

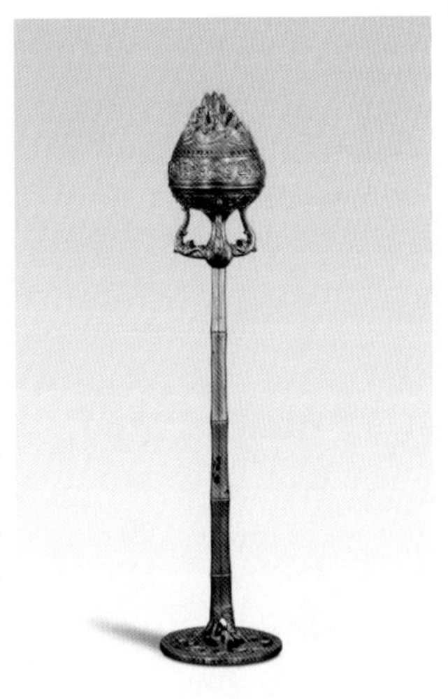

图1–1 鎏金银铜竹节熏炉

图1–2 嵌金铜质独牛腿人首酒器三具

1.2.1 青铜工艺

青铜技术的发明是人类认识自然和改造自然的又一次跨越。中国古代金属艺术在其内在规律和外来文化的共同影响下，在青铜器和金器两方面取得了举世瞩目的成就。据目前的考古资料，中国最早的金属艺术品是1975年在甘肃东乡林马家窑文化遗址出土的一件青铜刀，距今约5 000年，这也是中国进入青铜时代的证明。虽然相对于西亚、南亚及北非，中国的青铜时代晚了1 000多年，但中国青铜

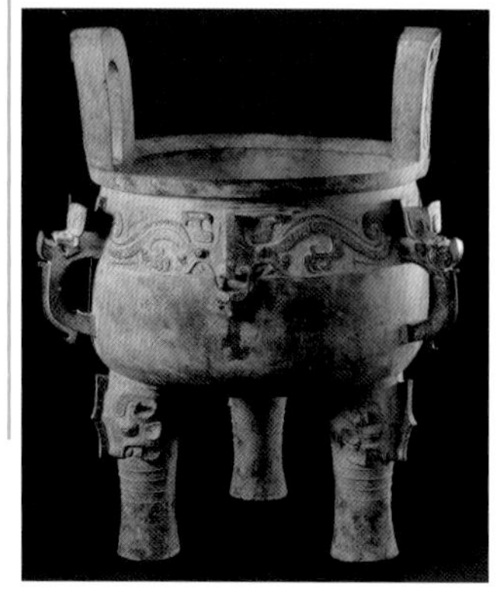
图1-3 淳化大鼎

时代的到来却有着它的独立价值。一个突出的特征是中国古代青铜器制作工艺精巧绝伦，令人叹为观止。就其使用规模、铸造工艺及品类而言，没有其他青铜器可以与中国古代青铜器相比。这得益于中国文明的延续性，虽然经历朝代更替，但文脉没有中断，这使中国青铜工艺超越了纯粹“造物”的范畴，上升为中国传统文化的一部分。（图1-3、图1-4、图1-5）

1.2.2 铁 艺

图1-4 何尊

中国是世界上冶铁和用铁最早的国家之一，殷商时期，先民们已经知道用铁，春秋时期已发明铸铁工艺，并用铁制造生产工具。战国时期，使用铁器已经比较普遍。到两汉，已经可以熟练使用生铁和熟铁。由于铁的硬度远高于青铜，自汉武帝后，用铁制造的兵器、生产工具逐渐成为主体，铁器逐步取代了铜器，铁器生产的规模相应扩大，国家设有“铁官”49处，专门负责冶铁。据记载，每处铁官下属的作业点所用人力都在十万人以上。据考古发现，西汉有60多处、东汉有100多处冶铁遗址，可见冶铁业的兴盛。汉代的冶铁工场包括开采矿石、冶炼、铸造等完整的工艺流程，有冶铁炉、熔炉、锻炉以及储铁坑、配料坑、淬火坑等设备，每个作业场可达十几万平方米，规模相当巨大。汉代的冶铁技术取得了巨大进步并逐渐成熟，不但有生铁、熟铁，甚至还会制造不同硬度的钢材。在生产过程中，人们已经掌握了铸、锻、渗碳、淬火、退火等技术，大大丰富了产品的种类，提高了产品的质量。如河北满城刘胜墓出土的刀和剑，使用了冶铁表面渗碳的工艺，使杂质减少，组织均匀，甚至达到了现代优质钢的水平。

图1-5 伯各卣

此外，与冶铁有关的技术也有很大发展。如：使用水力来进行鼓风，大大节省了人力的同时，提高了生产效率；

用“铁范”来铸造，能铸出仅3 mm厚的铸件；发明了反复折叠锻打的方法，用于刀剑制造，大大增强了刀剑的坚韧度。汉代中国冶铁技术已处于世界领先水平。（图1–6）

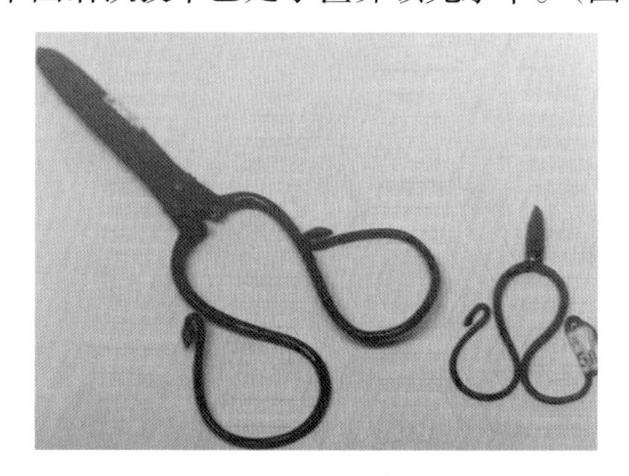

图1–6 西汉铁制剪刀

1.2.3 铜 艺

铁器的大量使用促进了中国社会的发展。与铁相比，铜具有一定的优点，它耐腐蚀、延展性好、质地细腻，是制作日常用品和艺术品的极好材料，如汉代铸造的铜镜。现留存下来的铜镜，制作精良，图纹华丽，装饰美观，艺术价值极高。（图1–7）

图1–7 铜镜

1.2.4 金银器

商周时期黄金的冶炼主要依赖于自然界黄金的采集或砂金的淘洗。从史籍记载来看，春秋战国时期已经有了大规模金矿的开采，而且积累了丰富的找矿经验。《管子·地数篇》云：“上有丹沙者，下有黄金。上有慈石者，下有铜金。上有陵石者，下有铅、锡、赤铜。上有赭者，下有铁。”战国时期开始采选分布在高山地区的金矿，成书于战国时期的《山海经》中记载的金矿有106处之多，另外还有一些以“金”命名的山。其中7处提到“其阳多金，其阴多铁”这种规律性的认识。由于黄金的熔点较低，便于加工，

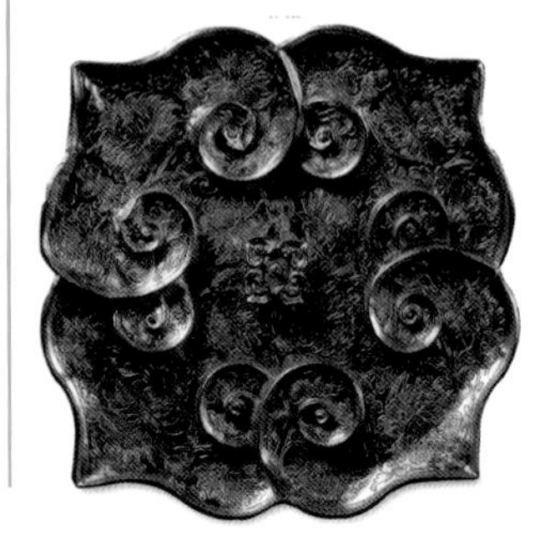
图1-8　如意纹金盘

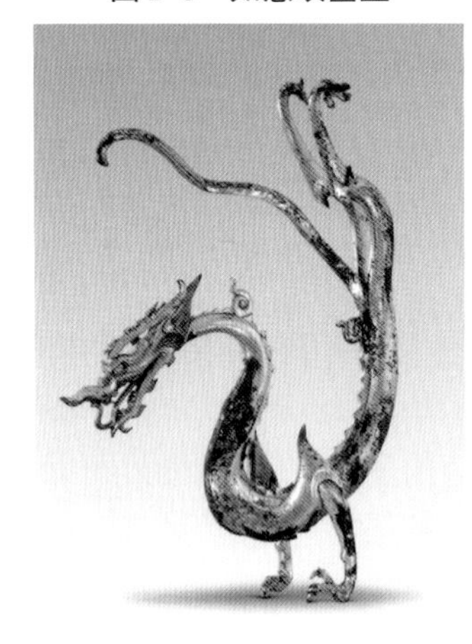
图1-9　鎏金铁芯铜龙

图1-10　鎏金鱼龙纹银盘

图1-11　舞马衔环纹银壶

古人开采出黄金后，在借鉴青铜工艺的基础上，开始了进一步的加工处理，发明了黄金制作工艺。

金银器早期的发展与其本身的金属特性有关。黄金能延伸40%~50%，通常1克黄金可锤打成320米长的金丝。黄金质地较柔软，又具有很好的延展性，可锤打成金箔，包裹于器物的表面，增强器物的美观性。

中国古代金银器的制作工艺可以分为成型工艺和装饰工艺两大类。成型工艺主要运用锤鍱、铸造两种技术。到唐代，受到外来金属工艺的影响和启发，手工锻造的技艺得到了很大发展，很快，勤劳智慧的中国工匠们便将它们发挥得淋漓尽致。装饰工艺分为金银器的装饰工艺，如錾刻、镂空、镶嵌、炸珠；以金银器为原材料的装饰工艺，如错金、鎏金、贴金、鎏金金箔，即将黄金制成薄片后，包入乌金纸内，竭力挥锤打成。（图1-8、图1-9）

从唐代贞观之治开始，中国封建社会走向极其繁荣的鼎盛时期，农业经济繁荣，陆路上有驿站和驿传，水路河运发达，边防稳定，对外加强与周边国家友好往来，唐朝成为当时世界上最强大的国家。大唐盛世，国富民强，本就是财富象征的金银被制成各种器物，前所未有地受到人们的钟爱。大量的金银器物一方面展示出大唐的国力和风貌；另一方面，也体现出中外交流和文化融合的特征。如《鎏金鱼龙纹银盘》（图1-10），盘中的鱼龙原为印度的水神象征，是佛教传入中国与中国文化融合的结果；著名的《舞马衔环纹银壶》（图1-11），其造型明显来自北方游牧民族的皮囊水壶。这两件作品都是手工锻造而成，鱼龙和舞马的造型生动优美，后加以镀金，更显得富丽华美。这些带着异域风情的金属工艺品在后来的发现中很少再见。

在已出土的古代金银器中，唐代金银器多为中国古代文物中的灿烂珍宝。如1970年发现的陕西西安何家村窖藏金银器，1987年陕西扶风法门寺地宫出土的礼佛金银器等，曾引起世界震惊和瞩目（图1–12、图1–13）。至今已面世的唐代金银器已超过千件，造型多样，工艺精巧，无论数量、品类还是工艺都超过历朝历代。数不胜数的精美之作，无论造型还是装饰技巧都达到了尽善尽美的程度。技艺精湛的唐代金银器是继青铜艺术高峰后，中国金属艺术发展的又一高峰。

图1–12　仰莲瓣银水碗

图1–13　鎏金人物画银香宝子

1.3　国外金属艺术概述

国外金属艺术狭义上多指铁艺。在欧洲，铁制品主要用于建筑、家居、园林的装饰。法国、英国、意大利、瑞士、奥地利等欧洲国家从宫廷建筑到民居，从室内至室外，形态各异、精美绝伦的装饰比比皆是。

中世纪初期，铁艺多遵循古代罗马风格样式，典雅庄重是其主要艺术特点。12—13世纪初，铁艺以欧洲哥特式艺术为主流，造型华丽，色彩丰富且追求华美，呈现鲜艳的视觉效果。14—16世纪，文艺复兴冲破中世纪宗教思想的禁锢，重视以人为本和对科学的探索，提出以人为中心而不是以神为中心的人文主义思想，肯定人的价值和尊严，主张人生的目的是追求现实生活的幸福，倡导个性解放，反对愚昧迷信的神学思想，认为人是现实生活的创造者和主人，将艺术从神转向人。这一时期金属装饰技艺日益精湛，很多艺术大师参与到金属艺术创作中来，如雕塑家波提切利、委罗内塞、基伯尔提等，其中最具有代表性的人物是本韦努托·切利尼。由于贵族和富有的阶层纷纷建造宫殿、宅邸，室内装饰、家具设计中玻璃、陶瓷成了这一时期普遍需求的工艺品，金属艺术不像中世纪那样占有重要的地位。

17世纪是欧洲“巴洛克”样式盛行的时代。“巴洛克”一词的来源说法不一，它含有奇形怪状的意思。最初，是18、19世纪古典主义艺术家用来嘲讽17世纪这种艺术风格的贬义词。它表示某种稀奇古怪、矫揉造作、装饰过分华丽，甚至是不真实的造型或艺术创作。与文艺复兴艺术相比，巴洛克艺术强调动感和华丽，表现更为丰富、更为夸张和富有戏剧性，显得骚乱不安。装饰上通过光和色的运用，追求建筑、绘画和雕刻艺术的完美结合，一反文艺复兴时期庄重、含蓄、典雅的风格。这种具有装饰风格的艺术样式迅速波及法国乃至整个欧洲，成为17世纪艺术的主导风格和这个时代整个欧洲艺术的代名词。

巴洛克艺术最大的特点体现在建筑装饰方面，注重建筑周围广场、喷泉、雕塑等环境的设计。著名的罗马圣彼得大教堂和法国的凡尔赛宫就是这个时期的代表性建筑。在这些建筑里，有富丽堂皇的金属雕塑和华丽的黄金纹饰，极具动感，表现出光彩炫目的视觉效果。以宫廷贵族艺术为代表的金银制品同样具有这种特点，注重豪华，打破了文艺复兴时期整体造型形式，金属在通用直线的同时也强调线、型的流动变化，具有繁复的装饰和华美绚丽的效果，色彩上多用金色予以搭配协调。如《珐琅彩圣杯》

(图1–14)、《莱特的项链坠了》(图1–15),后者长6.2 cm,是一个用黄金丝构成的镂空椭圆形小盒,盒盖用珐琅烧制而成,盒内有著名宫廷画家希里亚德绘制的詹姆斯一世的肖像,盒边镶嵌28颗钻石,其制作之精美,可以代表这一时期的金属工艺最高水平。这一时期的金属工艺还有“银制怀表”制作工艺,这也是人类走向工业时代的一大发明。17世纪铁制工具特别是武器的使用已经很普遍,铁的加工技术显著提高,1650年法国巴黎阿波罗画廊的铸铁大门是这个时期铁工艺的杰出代表。(图1–16、图1–17)

图1–14 珐琅彩圣杯

图1–15 莱特的项链坠子

图1–16 阿波罗画廊(一)

图1–17 阿波罗画廊(二)

洛可可艺术发端于法国路易十四时代(1643—1715)晚期,流行于路易十五在位时期(1715—1774),故又称“路易十五式”,意思是由贝壳引申而来。该类艺术风格轻巧、浮华,色彩柔和而艳丽,崇尚自然,从室内装饰到家具、陶瓷、染织、服装等都表现出一种非对称法则的曲线美。当时,法国文化处于欧洲的中心地位,洛可可艺术的影响因此遍及欧洲。宫廷艺术作为法国的主流艺术,风格从巴洛克时期的豪华夸张转变为小巧、优雅、别致。加之中国、日本等东亚的艺术品大量流入欧洲,东方艺术审美情趣为法国、德国、意大利等上流社会所喜爱,并被大量仿制。

随处可见的花草和贝壳成为18世纪洛可可装饰常用的素材。这一时期开始大量使用植物纹样，如建筑和装饰大师梅索尼埃曾经设计过几种铜制镀金蜡烛架，蜡烛架整体造型是一株弯曲的草茎，放蜡烛的部位是一朵花朵，造型的不对称和曲线既便于安装在墙壁上又具有轻盈秀丽之美。（图1-18、图1-19、图1-20）

图1-18 铜制钟

图1-20 铜制镀金座钟

图1-19 首饰盒

洛可可艺术的装饰风格，从线条、形态和色彩几方面比较，具有独特风格和代表性的是英国和法国的铁艺。两国铁艺又各成风格，英国的铁艺整体风格庄严、肃穆，线条与构图较为简单明了，而法国的铁艺充满了浪漫温馨、雍容华贵的气质。现代艺术运动的浪潮于19世纪初兴起，这一时期，古埃及文化和玛雅文化被发掘和探索，金字塔的几何形体，无论是外形还是结构，与欧洲传统的巴洛克曲线相比，都有明显的差异。（图1-21）

图1–21　铜鎏金镶嵌梅森陶瓷人物

1.4　金属工艺

图1–22　图坦卡蒙黄金宝座

图1–23　图坦卡蒙黄金面具

从人类文明开始，技术就与社会发展同步，与每个人息息相关，技术是知识进化的主体。据考证，公元前10000年左右世界上已出现用自然铜制作的配饰。古埃及人在金属配饰中同样向世人展示了不同凡响的睿智与才能。《图坦卡蒙黄金宝座》（图1–22）全部用黄金包裹，錾花的浮雕图文上镶嵌有多种色彩的玻璃装饰。几乎同一时期的《图坦卡蒙黄金面具》（图1–23）和用200多千克黄金锻制成的大型金工巨型“王棺”，用各种珠宝翡翠装饰其间，更显豪奢、华丽，堪称古埃及金属配饰最杰出的代表。用黄金和宝石制成的各种首饰也是古埃及金工艺术的珍品。由此可知，3 000多年以前古埃及人就已经掌握了锤敲、锻制成型的錾花工艺，金箔的制作和包金的装饰，黄金表面敷彩，以及金线、金粒的制造等多种复杂的金属工艺。

工艺是指劳动者利用各类生产工具对原材料、半成品进行加工或处理，使之成为所需要的物品的方法与过程。现代设计理论中，工艺兼有艺术与技术的双重内涵，本书所说的工艺就是从艺术与技术的角度，阐述“形”与“意”

两方面结合的造型和审美规律。

金属工艺是通过对各种金属材料进行造型设计、制作直至最后形成成品的过程，人们习惯于把用金属材料制作作品的过程统称为“金属工艺”。在中国，金属工艺是工艺美术学科范畴的一个重要部分，主要包括景泰蓝、包金、错金、冲线错金、金花丝镶嵌、斑铜工艺、锡制工艺、铁画、金银首饰等。

由于金属材料的特殊性，在现代艺术设计中，没有哪一个门类比金属工艺与科学技术的进步关系更为紧密，相对于其他艺术门类，金属工艺的发展更加依赖于对新技术与新工艺的应用。20世纪50年代中期以来，随着工业化的快速发展，金属工艺的部分辅助性工序已逐步实现机械化，主要是成型工艺（锻打、铸造、焊接、铆接等）和表面加工工艺（着色、肌理制作等）。对那些表现产品艺术性的关键工艺，如点掏、填嵌、錾刻、粘接等仍以手工操作完成。

1.4.1 工业革命对现代金属工艺的影响

工业革命在技术进步推动下，机械技术不断发展，机器生产代替了手工生产，工厂取代了家庭作坊和手工作坊，金属艺术的形式再一次发生了重大改变。18世纪的英国政治上确定君主立宪制，由封建社会转变为资本主义社会，社会生产力得到了极大的发展，率先进入工业革命。所以，工业革命时期的金属艺术首先以英国为代表。这一时期的金属工艺品主要以实用为主，铁和钢的大量使用是这一时期金属艺术的重要特点。大量与机器时代风格相匹配的金属日用品随着中产阶级的崛起而大量出现。如英国人柯尔的作品《铜制的熨斗》，既美观又实用，刊登在当年的《设计杂志》上，被评论为“这是适当地改善产品的使用性能，又不失其优美线条的一个范例”。

19世纪40年代初，电镀技术的出现不但有效地解决了金属表面容易被氧化腐蚀的问题，同时在金属表面增加了一层美丽的光泽。1885年，苏格兰人克里斯朵夫·祖塞设计出了著名的《电镀碗》，成为这一时期电镀工艺品的代表作。

随着资本主义发展步伐加快，金银配饰的需求量增大，浪漫主义的思潮在艺术界涌动，这促使了贵重金属配饰商业化。金属配饰的形式由于工业革命发生重大变化。出身金匠家庭的雕塑家安托万·路易斯·巴里以用金属制作动物而享有很高的知名度，如他的作品《狮子吃蛇》（图1–24）得到广泛好评，精细的细节雕刻只有在工业技术相当发达的铸造厂中才具有相应的条件，所以这件作品可以称为这一时期技术的缩影。

图1–24 狮子吃蛇

但宫廷金属艺术仍然在英国皇室要求下继续制作传统造型，英国Garrard珠宝店效力于英国皇室，专为皇室制作加冕皇冠，不仅用材贵重，制作精美细腻，相对于当时大批量机械化生产的金属制品，更能凸显皇室贵族身份。（图1–25）

图1–25 皇冠

1.4.2 工艺美术运动和新艺术运动对金属艺术的影响

工业革命带来的机械化如火如荼地在欧洲大地上迅速发展，于19世纪末达到高潮。受工业革命影响，在艺术领域产生的工艺美术运动和新艺术运动，使金属艺术分类更加细化，更加贴合时代的发展。

19世纪后半叶，在英国掀起的工艺美术运动，推崇工艺制品必须反映人类自身的基本特征，将艺术品回归人性，形成向大自然和中世纪哥特式学习的一种潮流。在工艺美术运动时期，作品大量使用手工制作与新式工业技术的结合，注重线条流畅和柔美，既有古典的华丽之美，又有工业时代所特有的时代感。查尔斯·罗伯特·阿什比是工艺美术运动时期一位著名的金属设计师，他善于使用各种纤细、流畅的线条，表现自然的线条和美感，他的作品被称为工艺美术运动金属艺术的典型代表。

新艺术运动的配饰设计师试图突破欧洲传统文化的局限，将世界各地不同文化吸收，转化为自身创作的内涵。设计元素多来源于自然，强调对自然的模仿，作品造型及装饰上重视线条的应用，多用流畅的曲线、有机形态。

在金属材质的选择上，不再局限于贵金属，而是更多地使用青铜、珐琅等较为廉价的材料，将材料的色彩、肌理以及可实现的工艺作为首要考虑因素，以传达设计师的个性、情感和思想。（图1–26）

图1–26　动态雕塑

1.5 中国传统金属工艺

1.5.1 金银器的成型工艺

一、锤鍱工艺（图1-27、图1-28、图1-29）

锤鍱法又称为“打作法”“打胎工艺”，是传统金属加工的主要工艺之一。这种工艺充分利用了金、银质地比较柔软、延展性强的特点，对金属坯料施加压力，反复锤打、敲击，使之延展成片状，再按设计要求打造成各种器形或纹饰。锤鍱可以由一人独立操作完成，简单易行，是人类较早使用的一种金属加工工艺。用锤敲打金、银块，使简洁的器物具有肌理的变化及浑厚的质感，使得金属脱离了冷冰冰的质感，多了一份人文的气息，这一点是机械永远无法替代的。

图1-27 锤鍱工艺

图1-28 浮雕银器

锤鍱工艺对中国金银器的制造产生了巨大的影响。它最早出现在公元前2000多年的西亚、中东地区，并用于金银器的成型制作。这一工艺在中国成熟于唐代，随着唐代中外文化交流的大规模开展，西亚、中亚等地的商人、工匠纷纷来华，他们在带来大量国外产品的同时，也带来了包括金银器制造在内的不少工艺。至宋代，锤鍱工艺获得了更为巧妙的应用，并对瓷器工艺的发展产生了重要影响。

《天工开物》载：“凡造金箔，既成薄片后，包入乌金纸内，竭力挥椎打成。”中国早期的锤鍱工艺仅限于制造金箔。考古发现，锤鍱工艺所制造的金箔在商周时期已使用，属于商王朝时期的三星堆遗址、金沙遗址中出土了大量包有金箔的金属器物。

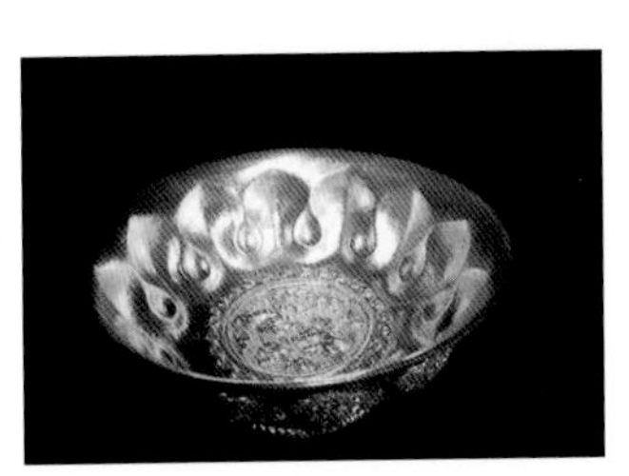

图1-29 锤鍱錾花双狮莲瓣纹金碗

锤鍱法是用不同形状的锤子将金、银锤打成所需要的形状，一般有搂、墩等工序。在制作中先用锤子（木槌或铁锤）在金银片或锭上锤打成型，在锤打的过程中先“搂”后“墩”，“搂”就是用锤子敲打材料成型，“墩”就是窝出器物所需形状。锤锞工艺要求在敲打的过程中各部位要薄厚均匀，不能有余料。金箔锤锞成型后，可以根据需要裁剪出各种形状，以供不同的使用目的，继而可以采用包金（直接把金箔包裹于器物的外表）或者贴金（直接把金箔粘贴于器物的外表）工艺进行装饰。

用锤锞法制作复杂的器物，如口小腹大的瓶子、罐、壶类，一般分上下两部分进行锤锞，也可分成多个部分进行锤锞，然后将各部分焊接或铆接在一起，最后整形、打磨，使其表面完整、光滑。锤锞而成的器物口往往比较薄，在使用中容易变形，为避免这种情况一般还要进行加厚处理，主要用三种方法：

（1）将瓶口位置内折，使口部成为双层；

（2）将内部外折，内衬一圈银丝或铜丝；

（3）瓶口内加套一圈银片。

二、铸造工艺

铸造是金银器制作工艺中又一常用工艺，这一技术最早是用于青铜器制作。先秦时期，青铜矿冶炼业高度发达，铁矿冶炼发展也很快，而黄金的熔点低于铜铁，所以古代工匠在借鉴铜铁冶炼技术的基础上，逐渐掌握了黄金冶炼铸造。可以说，金银器在发展初期的加工技术基本都是借鉴了青铜器制作技术。因此，秦以前金银器的铸造工艺基本处于青铜器铸造工艺的范畴之内，是青铜器铸造工艺的延伸和发展，有学者把它称为“青铜之附”。秦汉时期铁器逐渐兴盛，铜器逐渐衰落，金银器结束了与铜器的“师徒关系”，走出了铜器附庸的阴影，开始走上了独立发展的道路，成为一种专门的手工工艺门类。在青铜器高度发达的古代，金银器的铸造技术逐步成熟。一般冶炼出较纯的金料后，将金熔化为液态，采用范模浇铸。黄金在液态情况下流动性较好，冷凝时间较长，更容易制作出精细的作品。

陶范铸造是我国青铜器制造中最古老的一种技术，也是最重要的、应用最普遍的一种铸造工艺。经烘烤后的泥范强度大大提高，成为陶范，再将其合范，浇铸成品。著名的《四羊方尊》《象尊》均是由陶范铸造而成。陶范铸造与战国时代出现的“铁范铸造”和“失蜡铸造”并称为中国古代三大铸造工艺。

失蜡法也称“熔模法”，是一种用青铜等金属材料制造器物的精密铸造法，古代多用于铸造具有复杂造型的铸件。中国失蜡铸造技术起源于焚失法，焚失法最早见于商代中晚期，这种技术在无范线失蜡法出现之后逐渐消失。湖北随县曾侯乙墓出土的公元前5世纪的青铜“尊、盘”应是中国已知最早的失蜡法铸件。

失蜡法的做法是用蜂蜡（黄蜡）做成要铸件的模型，再用耐火材料填充泥芯和敷成外范，待泥干透后，加热烘烤，使蜡液从事先预留好的蜡口流出，使整个铸件模型变成空壳。之后堵住排蜡口，将金属溶液通过槽道浇灌，待冷却后打去封住的泥范，便可以得到与蜡模完全相同的金属器具。以失蜡法铸造的器物可以镂空，有玲珑剔透的视觉效果。

大型铸件一般用地坑造型，造型材料是用三合土（石灰粉、黏土、砂按一定比例加水混合而成）与炭末和成泥，模料由蜡加牛油配制，所用蜡和铜的比一般为1∶10。金属液通过槽道浇注。对于需求量大的鼎、炉等需要批量生产的器件，为提高效率，先把蜡片在样板上压印出花纹，再拼接成模。

经汉唐到明清，失蜡法被一代代匠人传承和发扬，历久不衰，直到如今，仍是常用的青铜器铸造技法。近代广泛流传于北京、山西、内蒙古、江苏、广东、云南、青海、西藏等，佛山、苏州等地工艺企业现仍用上述传统技法制作工艺品铸件。(图1-30、图1-31)

图1-30　鸟形油灯盏

图1-31　犀牛

三、焊接工艺

金属焊接工艺的历史可追溯到商代，是从青铜器制作工艺中发展而来，也是金银器成型的重要工艺之一。锤鍱法制成的较为复杂的器物有时候需要焊接后才能最终完成。焊接需要焊药，焊药的主要成分一般与被焊金属相同，加少量硼砂混合而成，焊药一般以银、铜为主或以锡、铅、铜为主合成。操作时需根据被焊工件的材质、焊件结构类型来确定焊接方法。焊接后需对焊痕进行打磨、抛光等处理，焊接的效果与焊接工艺及焊药的配比等因素有关，技术高超的焊工焊接的成品有时几乎看不出焊接的痕迹。

现代金属焊接方法的种类非常多，主要分为熔焊、压焊和钎焊三大类。确定焊接方法后，根据具体情况再确定焊接工艺参数。焊接工艺参数的设置各不相同，如手弧焊主要包括：焊条型号（或牌号）、直径、电流、电压、焊接电源种类、极性接法、焊接层数、道数、检验方法等。现代工业对铜或铜合金的焊接方式大多为气焊、手工电弧焊、TIG焊、MIG焊、手工激光焊、液相电镀焊等。

（一）熔焊

熔焊是在焊接过程中将工件接口加热至熔化状态，不加压力完成焊接的方法。熔焊时，热源将待焊两工件接口处迅速加热熔化，形成熔池。熔池随热源向前移动，冷却后形成连续焊缝而将两工件连接成为一体。

在熔焊过程中，如果大气与高温的熔池直接接触，大气中的氧就会氧化金属和各种合金元素。大气中的氮、水蒸气等进入熔池，还会在随后冷却过程中在焊缝形成气孔、夹渣、裂纹等缺陷，降低焊缝的质量和性能。

为了提高焊接质量，人们研究出了各种保护方法。例如，气体保护电弧焊就是用氩、二氧化碳等气体隔绝大气，以保护焊接时的电弧和熔池；又如钢材焊接时，在焊条药皮中加入对氧亲和力高的钛铁粉进行脱氧，就可以保护焊条中有益元素锰、硅等免于氧化而进入熔池，冷却后获得优质焊缝。

（二）压焊

压焊是在加压条件下，使两工件在固态下实现原子间结合，又称固态焊接。常用的压焊工艺是电阻对焊，当电流通过两工件的连接端时，该处因电阻很大而温度上升，当加热至塑性状态时，在轴向压力作用下连接成为一体。

各种压焊方法的共同特点是在焊接过程中施加压力而不加填充材料。多数压焊方法如扩散焊、高频焊、冷压焊等都没有熔化过程，因而没有像熔焊那样的有益合金元素烧损和有害元素侵入焊缝的问题，从而简化了焊接过程，改善了焊接安全卫生条件。同时，由于加热温度比熔焊低、加热时间短，因而热影响区小。许多难以用熔焊焊接的材料，往往可以用压焊焊成与母材同等强度的优质接头。

（三）钎焊

钎焊是使用比工件熔点低的金属材料作钎料，将工件和钎料加热到高于钎料熔点、低于工件熔点的温度，利用液态钎料润湿工件，填充接口间隙并与工件实现原子间的相互扩散，从而实现焊接的方法。

焊接时形成的连接两个被连接体的接缝称为焊缝。焊缝的两侧在焊接时会受到焊接热作用，而发生组织和性能变化，这一区域被称为热影响区。焊接时因工件材料、焊接材料、焊接电流等不同，焊后在焊缝和热影响区可能产生过热、脆化、淬硬或软化现象，使焊件性能下降。这就需要调整焊接条件，焊前对焊件接口处预热、焊时保温和焊后热处理可以改善焊件的焊接质量。

图1–32　大明风范

主要器材：手工焊条、电弧焊焊机、二氧化碳保护焊机、氩弧焊焊机、电阻焊焊机、埋弧焊机，以及焊丝、焊剂、焊接辅助材料等。（图1–32、图1–33）

1.5.2　金银器的装饰工艺

一、錾刻工艺

锲而不舍，金石可镂。“锲”就是用刀錾刻，“镂”实际也是錾刻的一种，只是在錾刻时将材料凿空剔掉。先秦时代已多用这种刻镂的方法加工金石器物，考古学中称之为錾刻或雕镂。

图1–33　无题

錾刻工艺是一种特殊的金属工艺，在传统金银铜器和首饰的制作中，錾刻工艺占有非常重要的地位，今天我们能够看到的无论是古代的金银器遗存，还是近代的银饰收藏，只要有装饰，鲜有不用錾刻工艺的。錾刻如同画笔，飞禽走兽、花鸟虫鱼、山水人物都可以在工匠的手中活起来，极具艺术感染力。

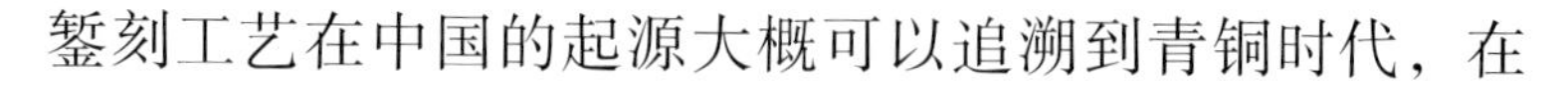

錾刻工艺在中国的起源大概可以追溯到青铜时代，在

内蒙古出土的商周文物中，隐约已经出现了錾刻的雏形。经长时间的发展，到唐代錾刻已经发展成为一种非常成熟的金属制作技艺。錾刻工艺作为一种古老的手工艺技术，在历史文明的积淀中，不断地演进发展。今天，我们需要利用錾刻这种传统的技艺与全新的材料和创作理念相结合，通过承载材料的转换和设计理念的更新，拓展属于中国当代金属工艺发展的空间。

（一）錾刻工艺技法

錾刻是将锤子和錾子配合在一起使用的技术。操作过程中，要根据纹饰的具体特点选择不同大小、造型的錾子。工匠一手执錾，一手执锤，用锤子敲击錾子的尾端，受力后，錾子头部顶压所接触的金属表面，从而形成一定程度的凹陷。敲击的力度越大，金属表面凹陷变形的程度越大。錾子顶端的造型直接决定了金属坯体形成凹陷的形状。在整个敲击过程中，要经常对金属胎体进行退火，否则金属胎体可能会因为应力不断增加，产生破裂或者断裂。破损一旦形成，利用焊接等方式进行修补后，很难再形成一气呵成的艺术效果。如果金属胎体上需要的起伏效果较为明显，需要在金属胎体两面正反锤錾，交替操作几次后，才会产生显著的花纹效果。

（二）錾刻工具

錾刻工艺的主要工具有锤子、錾子以及錾花胶，这三者在整个錾刻工艺过程中相辅相成，缺一不可。锤子一般按照锤头的磅数和不同的工艺阶段选择，前期起大形时一般使用重磅锤，小巧的轻磅锤一般用于后期细节的制作。木槌（头部包有金属片）一般用于器皿的整形，踩光锤用于器皿最后的踩光和出亮。根据制作者的使用习惯不同，錾子会产生很多变化，不同的錾头可以营造出不同的装饰效果。根据不同的用途，可以分为制作造型时所用的錾子、制作肌理时所用的錾子以及衬垫在金属板材背面辅助成型的衬錾。根据不同的形态，主要有勾錾、直口錾、沙地錾、组丝錾、采錾、脱錾、挂线錾、双线錾、发丝錾、鱼鳞錾、鱼眼錾、豆粒錾等。

錾花胶是錾刻时垫衬在金属板下面的一种支撑物，同时能起到固定和粘连的作用。一般使用松香、植物油和滑石粉三种材料，按照比例进行加热熬制而成。有经验的匠人一般会根据室温的高低调整松香的用量，使其软硬适中适合操作。錾花胶可以用容器盛放，也可以灌入錾刻的器皿内部，利用錾花胶可以完成錾刻作品的细节操作，是錾刻工艺中不可缺少的辅助材料。

（三）錾刻工艺的艺术特色

锤錾工巧，因材施艺。首先，錾刻工艺通过纯手工操作，充分利用了金属材质的特性，錾刻出凹凸起伏、层次多变的浮雕状纹饰，使平面的金属板材呈现出很强的立体感，作品形式在二维与三维之间不断切换。其次，我国古代金银器经过錾刻工艺的处理，形成了器物纹样装饰高低起伏的对比，除了展示金属本身的光泽和对比之外，还可搭配其他工艺进行创新。如唐代利用鎏金之法，在银器凸起的纹饰上鎏金，金与银的搭配在色彩和肌理上形成对比。著名的《狮纹金花银盘》（图1-34），充分展现出工匠高超娴熟的工艺技巧和大胆创新，可谓是巧夺天工。最后，錾刻工艺可以惟妙惟肖地模仿书法、绘画等美术作品形式；可以将植物的造型塑造得饱满而灵动，将动物的形态刻画得栩栩如生，更可以模拟人物的精妙神态。有修为的匠师可以使錾刻出来的每一根线条都传递出作者的思想与情感。

图1-34 狮纹金花银盘

（四）錾刻工艺的发展现状

錾刻工艺目前保存最为完整的地区是我国苗族、白族、藏族等少数民族聚集区。在这些地区，交通相对闭塞，导致这些少数民族的传统生活习俗和文化基本得以保留，使用手工艺制作生活器皿和装饰器物的习俗被较好地留存下来。随着现代化机器生产的普遍发展，利用机器辅助加工已经开始融入这个古老的手工艺体系之中。在云南大理鹤庆县新华村，有一定规模的手工作坊已经开始通过油压工艺来辅助錾刻的快速成型。所谓油压工艺，是根据设计的造型与纹样先制作出相互契合的模具，模具通常以钢为材质，将银片放入阴阳模具的中间，用机械外力将相互契合的阴阳模具快速大力挤压，模具中间的银片受到挤压后就会产生立体花纹，再通过手工錾刻进一步修整，这样机械与手工结合的方法大大提高了工作效率。（图1–35）

图1–35　银锤鍱暗八仙纹香炉

二、缀金珠工艺

缀金珠工艺首先是把金片剪成线、切成段，加热后熔聚成粒，颗粒较小时，自然浑圆，颗粒较大时，需要在两块木板间碾研，即“熔珠法”。所谓“熔珠法”，又称为“炸珠法”或“吹珠法”，是将黄金液体滴入温水中使之凝结成大小不等的金珠的方法，制成的金珠可焊、可粘，使用价值很高。

缀金珠工艺经常是用焊接的方法进行器物装饰，过程是先用白芨类的黏着剂暂时固定位置，然后撒适量焊药，经加热熔化焊药，冷却后达到焊接目的。焊药的主要成分一般与被焊物相同，是用金粉、银粉、硼砂按比例混合而

图1-36　掐丝金辟邪

图1-37　金灶

成。焊技高超的焊工几乎不留焊接的痕迹，焊后浑然一体。用锡、铅和铜为主合成焊药焊接时，日久氧化后，焊缝会出现绿锈痕迹。

两汉金器上装饰性很强的鱼子纹或联珠纹大都是以金珠焊粘而成的。焊缀金珠工艺经常与掐丝工艺及镶嵌工艺同时使用，许多器物既是掐丝工艺的杰作，同时也是焊缀金珠工艺的精品。河北定县东汉刘畅墓出土的《掐丝金辟邪》（图1-36）与《掐丝金羊群》，动物形象通体以金丝构成，但其外部轮廓却缀满金珠。西安沙坡村出土东汉时期的《金灶》（图1-37）肚身用掐丝法制成，内嵌绿松石，釜内盛满了用焊缀金珠工艺做成的金丹，制作极其精巧。

三、镶嵌工艺

镶嵌工艺是金属工艺中最为细致精巧的部分，是古代工匠们智慧的结晶。如金银丝的镶嵌，是使用各种不同形状（圆、扁、宽、窄）的金银丝，以堆、垒、织、编等手法制成图形，也称“花丝镶嵌”；或在金、银、铜器皿上刻出花纹，再以金银丝片压入其中，锉平、磨光而称“金银错”。掐丝点珐琅工艺，是在铜做的立体胎上用扁丝掐成各种图案花纹，再点填用矿物质研制的颜料，经烧制、抛光等程序而成，色彩华丽典雅，就是俗称的“景泰蓝”工艺品。古老的“包金术”是以锤打很薄的金箔来包裹建筑、家具及器物的工艺，其效果不亚于镀金制品。还有宝石镶嵌工艺，是根据宝石的形状，用焊接或铸造整个造型时留下的座框来嵌入宝石，而珍珠的座框为钻孔眼安装而成。在金属配饰工艺的发展历程中，各国的镶嵌技术各具特色，丰富了传统金属工艺技法。

采用镶嵌工艺制作的艺术品、装配饰、实用器具别具一格，它通过两种或多种不同材料的形状和色泽的配合而取得特有的视觉艺术效果。中国的镶嵌艺术，历史悠久，源远流长，其根源可追溯到史前，影响至今。考古资料表明，中国镶嵌艺术约产生于新石器时代晚期前段。辽宁牛河梁“女神庙”红山文化遗址中出土了一件陶塑人头像，眼睛选用背有短榫微凸面的玉片（呈现今的图钉形）镶嵌而成，使眼睛显得有神。这件镶嵌陶塑人头像被认为是中国镶嵌艺术肇始的标志。

中国镶嵌艺术至战国时期已得到长足发展，镶嵌工艺运用广泛，嵌饰物料多样，嵌饰图案纹样题材丰富，分布地域进一步扩大。依种类可分为镶嵌铜器、漆器、金器、银器、铁器等。

珠宝镶嵌工艺始于西方，工艺比传统的东方玉雕工艺精细、复杂，它讲究设计与技术的精湛性，在首饰造型上，能够突出珠宝的材质特色。多种材料的组合与烘托使整件珠宝首饰更具时尚和装饰之美，再加上后来引入了设计软件及3D打印等辅助手段，缩短了工期的同时大大提高了产品的精确度。常见镶嵌工艺有：

（一）包镶

包镶是用金属边把钻石腰部以下的部分封在金属托架之内的镶嵌方法，是一种非常牢固的镶嵌方法。包镶使钻石光彩内敛，展现出平和端庄的气质。

（二）爪镶

爪镶是以细长的贵金属镶爪抓住钻石，一般为四爪或六爪，这种镶嵌方式非常牢固并且使钻石突出于指环之上，让钻石从任何角度看起来都光芒四射。珠宝的单粒大钻一般都采用这种华贵大气的镶嵌方式。

（三）起钉镶

起钉镶是在金属材料上镶口的边缘，铲出若干个小钉，用以固定钻石的镶嵌方法。

起钉镶根据起钉数量又分为两钉镶、三钉镶、四钉镶和密钉镶，密钉镶也叫群镶，群镶首饰华丽耀眼，营造只见钻石不见金的视觉效果。高档起钉镶首饰全部由镶嵌师手工雕琢逐个完成，工艺难度大，技术要求高。

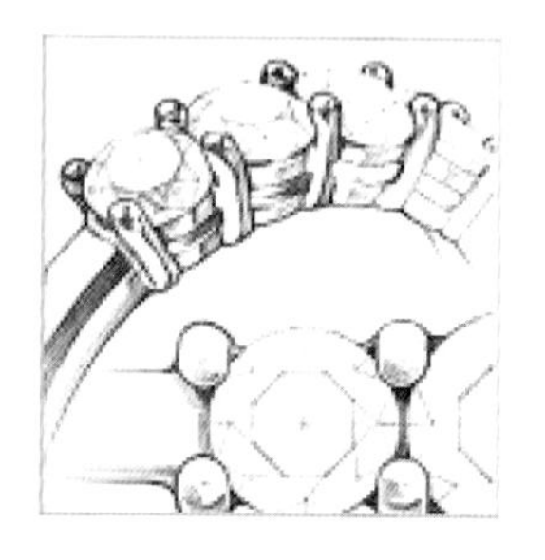

（四）柱镶

柱镶是用纤细的金属条将每一颗钻石独立分开，这种镶嵌方式属于复古风格，华丽而严谨。细柱粗细均匀、弯曲弧度一致，柱头经过圆滑处理后，从顶部观察犹如一个个光亮的小圆珠。

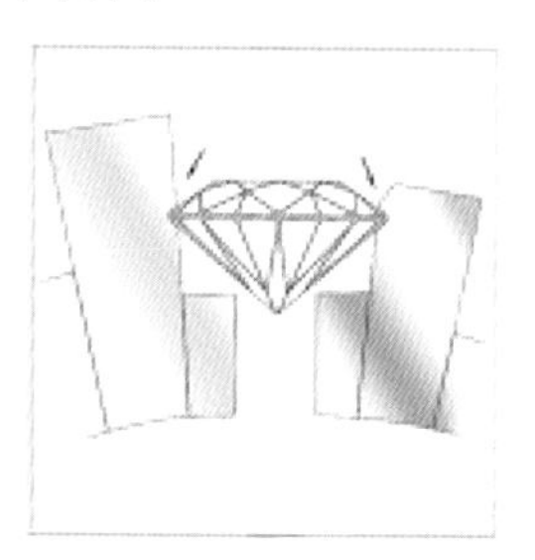

（五）逼镶

逼镶又称卡镶、夹镶，利用金属的张力固定钻石的腰部，这种镶嵌方式非常牢固，能够最大限度地展示钻石的全貌，使人感觉钻石仿佛悬浮在空气中，带来强烈的视觉冲击。

（六）轨道镶

轨道镶又称壁镶，是利用金属卡槽卡住宝石腰部两边的镶嵌方法。可以利用圆钻、公主方钻、长方钻、梯方钻进行设计，突出线条美感，高贵简约。美钻成排出现，细致周密、井然有序。

四、错金银工艺

错金银工艺最初是在青铜饰件上使用，称为“金银错”，汉称“错金银”，这从对“错”的解释（错，金涂也）就可以看出来。被错金银工艺装饰过的器物表面金银与青铜的不同光泽相映相托，将图案与铭文衬托得格外华美典雅。错金银工艺始于春秋中期，盛行于战国，经过秦汉时期发展改进，主要是镶嵌法和涂画法两种工艺，西汉以后

图1–38　错金银车马饰

曾一度衰落，在唐代又得到了极大发展，成为古代金属艺术的集大成者，出现了很多精美的作品。(图1–38)

错金银工艺具体分四个步骤：第一步是范铸阶段，在青铜器表面按要求铸出或錽出凹形槽，并在槽底錾凿出麻点；第二步是对凹纹进行精细的剔刻修正；第三步是将金银丝镶嵌（挤入）到凹槽内并使之充盈；第四步是打磨，用厝（错）石磨错，使嵌入的金银丝、片与铜器表面更加平滑，融为一体，最后用木炭加清水和皮革进一步打磨使器物表面更加光艳。该工艺多用于铜器表面的装饰，也用于铁器表面的装饰。(图1–39)

图1–39　错金银簋

五、鎏金工艺

金属配饰的富丽堂皇、奢华贵气注定离不开鎏金工艺，鎏金能够充分彰显金属器物之美。黄金作为一种稀有贵金属，古今中外皆是财富、地位的象征。宋代丁度修订《集韵》时，即提出“美金谓之鎏”的观点。

鎏金是中国古老的传统工艺，从近年来出土的大量鎏金文物看，已有2 000多年的历史。我国的鎏金工艺始于春秋时期，到汉代鎏金技术已经发展到很高的水平。鎏金是古代金属器物的镀金方法，就其加工方法和工艺原理而言也可称为火镀金或汞镀金，即用黄金与汞为原料，配成金汞剂（合金）涂饰器物表面的一种工艺。

鎏金工艺要经过金被汞润湿、扩散、涂抹、加温、赶压等多道工序。作为中国古老的传统工艺，曾广泛应用于古代炼丹术及金属器物表面涂覆与纹饰制作。

鎏金工艺主要是表面粘贴，一般流程如下：

(1) 造“金汞剂”，即一般把黄金碎片放在坩埚内加热至400℃以上，然后把金、汞按1∶7的质量比混合，搅动，使金完全溶解于汞中，制成膏状的金汞剂，俗称为“金泥”，此工艺过程统称为“煞（杀）金”。

（2）金泥与盐、矾的混合液均匀地抹“键”在器物表面，边抹边推压（现代匠师称此手法为“三分抹，七分拴”），以保证金属组织致密，与器物粘附牢固。

（3）以无烟炭火温烤所涂器物，使水银蒸发，黄金则固着于铜器上，其色亦由白色转为金黄色。

（4）毛刷沾酸梅水刷洗并用玛瑙或玉石制成的“压子”沿着器物表面进行磨压，使镀金层致密，与被“键”器物结合牢固，直到表面出现发亮的鎏金层。

鎏银和鎏金除所用的主要材料（鎏银时用银，鎏金时用金）不同以外，其余的主要工具、工艺、防护措施基本相似，不同之处主要是：

（1）在熔炼银汞剂（即“杀银”）时，银和汞的质量比是1∶15，即比杀金时多用一倍多的汞。而且，银丝在坩埚中烧红倒入汞后，银丝仍漂在汞的上面，因汞的密度比银的大，即使用炭棍搅拌银丝也不沉入、熔在汞中。这时在坩埚中倒入硝酸（一两银约用半两硝酸），立即冒起一股黄烟，漂在汞上面的银不见了，熔在汞里形成了银汞剂，俗称“银泥”，将其倒入清凉水中备用。

图1–40 鎏金卧龟莲花五足朵带银熏炉

（2）因银泥比金泥发糠，鎏银纹饰往阴沟中填抹银泥要比鎏金纹饰往阴沟中填抹金泥时多推抹几次。（图1–40）

六、掐丝工艺

掐丝是将金银或其他金属细丝，按照画稿线条的弯曲转折，掐成图案，粘焊在器物上，是古代金工传统工艺之一，经常和金银珠工艺同时使用。掐丝技术可能与金工工艺的包镶技术有联系。中国掐丝工艺约出现在公元前4世纪末，首先是在西北游牧民族地区流行，中原地区在西汉时才出现，东汉时兴盛，主要用于首饰和其他饰件上。

此项工艺不仅在宝石、金银饰上运用，珐琅器上也有运用，如掐丝珐琅器等。掐丝珐琅器起源于波斯（今伊朗)，成熟于五六世纪，此后由波斯传到阿拉伯、东罗马帝国等地，在辽代已传入中国。中国发现的首例掐丝珐琅工艺作品是巴林左旗契丹博物馆馆藏的一对掐丝花冠金簪。掐丝也是景泰蓝制作工艺中最关键的一步。

掐丝工艺是将锤打成极薄的金银片剪成细条，慢慢扭搓成线，可以单股，也可以多股。另外还有拔丝工艺，是通过拔丝板的锥形细孔，将金银挤压，从下面小孔将丝抽出需要的粗细，较粗的丝也可锤打而成，这与后面的花丝工艺类似。

掐丝的一般流程：

(1) 掐丝首先要捋丝，用剪刀和镊子都可以，为后面粘丝做准备；

(2) 选好需要掐丝的线条，用针筒把胶水涂在图案线条上；

(3) 检查丝的一头是否弯，如果弯就用剪刀剪掉；

(4) 左手用镊子夹住丝的一头放在涂好胶水的图案线条上，丝两头相接处接合要完好；

(5) 右手拿丝的另一端弯出流畅的线条。

七、花丝工艺（花丝镶嵌）

花丝工艺是先将金、银加工成粗细不同的丝，然后采用填丝、掐花、盘曲、堆垒等手法进行造型，是制作黄金和白银首饰的常用工艺。根据装饰部位不同，花丝可制成不同纹样，如拱丝、竹节丝、麦穗丝等，可以焊接到金银器物上，也可独立成器。立体的花丝作品制作工艺较为复杂，必须经过“堆灰”这一步骤，即把炭研成细末用胶调和后置于火中烧成炭模，制成立体中空的精美艺术品。

早在战国时期，中国花丝工艺已与金银错和镶嵌等工艺相结合。镶嵌以挫、锼、锤、闷、打、崩、挤、镶等技法，将金属片做成托和瓜子形凹槽，再镶以珍珠、宝石。

最早可见的花丝工艺实物是河北定州西汉墓出土的花丝《辟邪》《群羊》《龙头》等。

花丝镶嵌简称“花嵌”，由于完全由金银丝制成，又叫细金工艺，是“花丝”和“镶嵌”两种制作工艺的结合。这是一门传承久远的中国传统手工技艺，起源于春秋战国时金银错工艺，在明代中晚期达到高超的水平，尤以编织、堆垒技法见长，而且还常用点翠工艺，呈现金碧辉煌的视觉效果。花嵌主要用于皇家配饰的制作，出现了不少精品。定陵出土的金丝皇冠和凤冠，编织、堆垒技艺精湛，是这个时期的代表作品。

花丝镶嵌的基础是花丝。花丝拉制前，要将银条放在轧条机上反复压制，直到成为粗细合适的方条状后，才能开始正式的拉丝。手工拉丝是几百年延续下来的传统，也叫拔丝。拉丝板是专用的拉丝工具，上面由粗到细排列着四五十个不同直径的眼孔。眼孔一般用合金和钻石制成，最小的细过发丝。在将粗丝拉细的过程中，必须由大到小依次通过每个眼孔，不能跳过，有时需要经过十几次拉制才能得到所需的细丝。最初拉制的银丝表面粗糙，要经过几次拉制后才逐渐变得光滑。

由一根根花丝到成为一件完整的花丝镶嵌作品，要依靠堆、垒、编、织、掐、填、攒、焊八道工艺，而每道工艺细分起来又是千变万化。单以工序的繁琐程度而论，花丝镶嵌在“燕京八绝”中位居前列。正是由于其用料珍奇，工艺繁复，历史上一向只是皇家御用之物。如果说花丝镶嵌的精髓在花丝，那么后期的镶嵌则可以起到画龙点睛的妙用。

明代花丝镶嵌工艺大量运用宝石，完善了宝石镶嵌工艺，这是对中国传统首饰设计最重要的贡献，它改变了中华民族传统首饰重纹饰轻宝石的风格。清代宝石资源逐渐枯竭，后采用点翠和烧蓝来替代宝石的位置。今天，花丝镶嵌工艺只留存于北京、成都两地，且以北京的花丝镶嵌工艺最为齐全。北京花丝镶嵌工艺集中代表了中国传统宫廷花丝镶嵌工艺的特点。（图1–41）

图1–41 花丝镶嵌头饰

花丝镶嵌的工艺流程：

（1）拉丝。拉丝是花丝镶嵌的前期准备工作。不同型号的花丝都是师傅从拉丝板中一条条拉制出来的。拉丝板的眼孔通常是用合金和钻石制成，最小的眼孔比头发丝还要细，最大的直径4 mm，最小的直径只有0.2 mm。从拉丝板中拉出来的单根丝在行内被称为“素丝”，需要两股或两股以上的丝通过搓制成各种带花纹的丝才可以使用，这也是“花丝”之名的由来。最常见的花丝是由两三股素丝搓成的，这是最简单、最基本的样式。更复杂的花丝还有螺丝、码丝、拱线、小辫丝、竹节丝、凤眼丝、麦穗丝、麻花丝等近20种。

（2）掐丝。掐丝必须纯手工操作，用镊子或钳子将花丝掐成所需纹样，粘焊在器物上。掐丝是花丝镶嵌工艺中的基本功，也是最难掌握的技巧。

（3）填丝。填丝也叫平填，俗称填花丝，是将制成的花丝图案平填在设计好的图案里，填丝是花丝工艺中最单调，也是花丝镶嵌工艺里最费时的一道工序。

（4）焊接。焊接是将制成的纹样组合在一起，组成完整配饰的工艺过程。

（5）攒。攒工艺就是把事先做好的各部分组装在一起。

（6）累丝。又名“花作”或“花纹”，为金属工艺中最精巧一道工序。它是将金银拉成丝，然后将其编成辫股状或各种网状结构，再焊接于器物之上，谓之累丝。整个工艺制作过程中，要求匠人必须全神贯注，是非常考验匠人技巧和注意力的工艺。

（7）编织。该工序和草编、竹编工艺基本一样，不同的是金银丝的编织难度大一些，这要有经验的艺人手劲均匀才能编织好。（图1–42、图1–43）

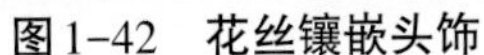

图1–42 花丝镶嵌头饰 图1–43 花丝镶嵌皇冠

1.5.3 现代金属加工工艺

（1）成型工艺：成型工艺包括冷加工工艺（錾凿、钳工、锤打、窝形、挤轧、掰转等）、热加工工艺（煅烧、焊接、熔铸、焙烤等）、攒压工艺（点攒、堆垒、编结等）。

（2）表面加工工艺：表面加工工艺包括填嵌工艺（点翠、填釉、镶嵌等）、表面处理工艺（抛光、镀金或镀银、包金或包银、鎏金等）。

1.5.4 金属工艺的一般要求

（1）室外建筑装饰上，金属艺术作品要与建筑物、室内外装饰设计风格相融合，要与周围环境和谐，也要有标志性和识别性。金属工艺要符合美学规律，比例、透视合理，视觉上具有吸引力和观赏性，有较高的审美价值。

（2）金属工艺要符合“人因工程学”和环保要求，工序合理，做工精细，产品表面打磨光滑，无毛刺，防腐防锈处理到位，涂装均匀，通透性好，抗风雨、抗氧化，符合安全间距和强度高。（图1–44）

图1-44 路易威登基金会

（3）成本合理，实用美观。

1.6 创新的先秦青铜工艺

先秦时期的青铜工艺是中国艺术史非常重要的组成部分。在长期的历史发展过程中，先秦青铜工艺不断创新形体、纹饰、技术手段，是中华民族追求文化创新的重要见证。在不断适应社会物质消费与伦理制度建设需要的基础上，先秦青铜工艺逐步培育和完善审美加工标准，实现了三大工艺创新，即形体创新、纹饰创新、技术创新，最终将审美与实用相结合，成为艺术与技术彼此融合的文化创新产物。探讨先秦青铜工艺的三大创新机制，对理解和传承先秦青铜工艺成就有重要意义。

1.6.1 先秦青铜工艺的形体创新

先秦时期的青铜器是铜与锡或铜与铅的合金工艺制品，包括食器、酒器、水器、乐器、兵器、车马饰、铜镜、带钩、工具、度量衡器等许多种类。这些各不相同的青铜器物看似是单纯的物质产品，实际上却是中国古代工艺创新的成果，是应用特殊的工艺技术手段，将审美化、视觉化的形体样式与各种实用器皿结合起来，用于呈现精神层面的人生观与世界观、思维层面的审美意识与理性观念，使之成为看得见、摸得着的东西。这是立足于审美实践，以艺术思维实现非艺术思维（如宗教信仰、哲学观念）不能达到的形体创新活动。正是这种特殊的形体创新，使得青铜工艺不同于其他文化活动现象，成为人类生存与发展所必需的物质与精神产品，是实用与审美相结合的产品。

将现实生活中并不可见或者并不存在的精神信念，借助纹饰图形中的视觉形体直接呈现在青铜器物上，是先秦青铜工艺实现形体创新的重要内容。纹饰图形是青铜装饰工艺的重要组成部分。在商周时期，饕餮纹、夔龙纹、凤纹等动物形体纹饰十分流行，是青铜纹饰图形的代表。这类纹饰图形往往“造形怪诞，构图繁缛，气氛神秘，森严可怖”，体现了独特的“狞厉之美”，而其精神实质则是崇信图腾、敬拜神灵，同时驱邪护符、装饰求美。如凤纹是青铜纹饰图形的重要内容，而凤的最初形象是玄鸟，是上古东夷族的图腾。凤的形象源于鸡，又融入飞鸟，再加入兽、鱼、蛇等动物形象，表明东夷族在其发展壮大的过程中吸收融合了别的氏族文化。这种吸收融合在图腾符号上的表现就是凤的形象的产生。从玄鸟到凤凰，形象地反映了中华民族文化中与炎黄文化相对并共存的另一主流文化——东夷文化发生发展的过程。借助青铜工艺造型中的形体创新，不同文化现象之间实现了精神信仰的彼此交融与整合，创造了更加繁复的神话与现实交相辉映的青铜艺术世界。

先秦青铜器物的圆形造型是青铜工艺形体创新的重要表现形式。对圆的崇拜意识源自对日神、月神崇拜。《吕氏春秋·序意》中记载，黄帝曾经教导颛顼：“爰有大圜在上，大矩在下，汝能法之，为民父母。”其中的“大圜”即大圆，指天；“大矩”即大方，指地。圆天在上，方地在下，如果上法天、下法地，就可以管辖民众，成就事业。后来颛顼遵从黄帝之道，遵循天圆地方，成就功业，颛顼也被楚人尊为“高阳”，是崇拜日神的体现。在崇拜日神之外，圆形观念也涉及月神崇拜。楚人的作品如《山海经》、屈原的《天问》，就提供了较具体的文献资料，表明当时崇拜月神。正是在这种精神信仰的基础上，春秋战国时期的楚人抽象出圆形意识，应用到青铜造型设计领域，创造了大量鼓圆形器腹的青铜器物。与同一时期北方中原文化系统中椭圆形器腹的青铜器物相比，存在明显思维差异，体现了富有地域文化特色的形体创新。图1–45与图1–46都是春秋战国时期青铜浴缶样式，一个属南方楚文化，一个属北方中原文化。前者鼓腹圆满，后者鼓腹椭圆；前者器口器盖是围合形式，后者是平扣形式。前者是南方楚文化系统的器类，是在北方青铜工艺基础上通过求异思维创造出来的新形体。

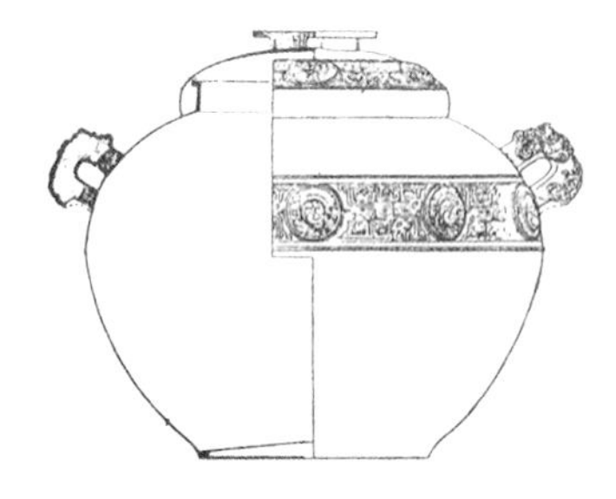

图1–45 楚系青铜浴缶略图（襄阳出土）

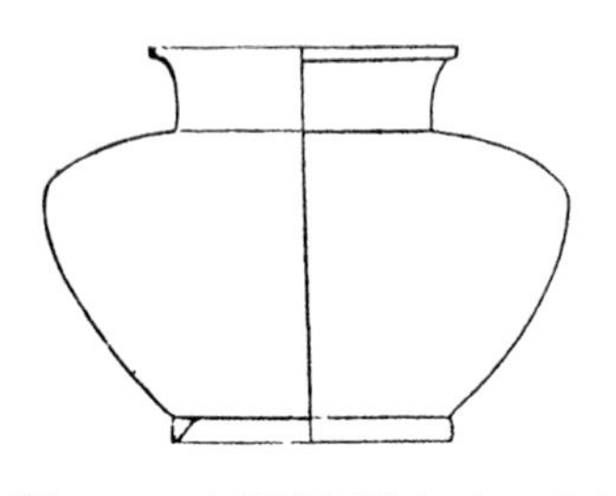

图1–46 中原青铜浴缶略图（洛阳出土）

形体创新极大地丰富了先秦青铜工艺造型风格及其成就。在商代，青铜器物的造型基本上源自陶器造型，如青铜鼎、青铜鬲、青铜甗就是从陶鼎、陶鬲、陶甗演化而来，总体上以方形和圆形造型为主，尤其是方形造型更具庄严肃穆感，成为统治者权力的象征。在几何造型的基础上，商代青铜器往往将人或动物的立体雕塑融入青铜造型中，或作浮雕装饰，或作圆雕装饰，用来强化整个青铜器物的造型艺术与审美效果。如收藏于国家博物馆的商代《四羊方尊》，总体上呈方形造型，四周各铸造有一只站立的羊，头部伸出尊体，大角卷曲，角尖前翘，身躯和腿蹄分别在尊腹与圈足上，既与青铜尊整体上合为一体，又突显了四羊四方对尾站立的立体艺术效果。至于用鸟、牛、马、象、虎、鱼等动物形象作为青铜器物的造型附件或附饰，在先秦青铜工艺中更是广泛应用。在春秋战国时期，楚国由于实力不断增强，其青铜工艺不断创新完善，逐步从沿袭北方青铜造型艺术风格转向自成风格。在既有的圆形造型设计模式基础上，楚国青铜造型设计有许多繁复的变化，如作为青铜礼器的楚式鼎就出现了七种典型的艺术样式：折沿侈耳鼎、附耳折沿束颈鼎、凸棱型子母口深腹鼎、无凸棱型子母口鼎、平底升鼎、小口鼎、扁斜足云雷纹鼎。这些丰富的造型变化形式表明楚系青铜有强烈的艺术创新意识，并因此塑造了灿烂辉煌的楚系青铜文化。

1.6.2 先秦青铜工艺的纹饰创新

先秦青铜工艺创新机制的另一重要途径就是纹饰创新。纹饰堪称青铜工艺品的主体部分，是衡量青铜艺术与审美价值的核心标准。商周时期青铜纹饰创新意识强烈，纹饰种类繁多，涵盖动物纹、几何纹，大多源自陶器纹样，再加以工艺创新、美化。动物纹以兽面纹（饕餮纹）、龙纹、凤纹为主，也有马、牛、羊、鸡、犬、豕六畜纹样。另外，象、鹿、犀牛、虎、兔、蛇、蝉、鱼、龟、蟾蜍等动物形象以及若干变形动物如长鼻兽、蜗身兽等，也是动物纹饰的重要来源。几何纹包括连珠纹、弦纹、云雷纹、百乳雷纹、曲折雷纹、勾连雷纹、三角雷纹、直条纹、横条纹、斜条纹、网纹等。名目繁多的纹饰种类体现了青铜工艺创新的范围非常广泛，构成了内涵丰富、魅力无边的青铜艺术世界。

先秦青铜纹饰创新与南北地域文化差异有关。出土于汉江中游地区的春秋早期《青铜辅首壶》（图1–47），其纹饰以北方中原青铜文化中常见的龙纹图样为基础，作了繁复的变形处理，比北方规整古拙的龙纹样式显出自由活泼的气息。但是，若与楚国青铜辅首壶广泛流行舒展的几何云纹相比，这类龙纹图样又显得过于规矩、严肃。这样的青铜器是先秦北方青铜工艺向南方青铜工艺逐步传承、转换的代表，可以看成南方青铜工艺创新的纹饰路径。

图1-47 青铜辅首壶（襄阳出土）

图1-48 楚系青铜器中的侧行龙纹（襄州出土）

南方青铜艺术中非常典型的纹饰创新可以从楚系青铜器物上的侧行龙纹看出。一般来说，中国古代青铜器（特别是北方中原文化系统中的青铜礼器）的纹饰设计基本上服从社会伦理等级观念的需要，纹饰艺术普遍显出规整、威严、肃穆的特点，很难想象青铜纹饰能够使用恣意自由而奔放的视觉图像符号。但楚系青铜器却培育出了如图1-48、图1-49之类的侧行龙纹，简洁、灵动，不失自由与浪漫的审美气息，有强烈的绘画表现趣味，打破了北方青铜文化系统常见的龙纹装饰特征，艺术创新特点十分鲜明。

图1-49 楚系青铜器中的侧行龙纹（宜城出土）

纹饰用线从古拙规整到自由流畅，纹饰构图从具象写实到抽象表现，先秦青铜纹饰的风格变化体现了纹饰艺术创新的基本要求。商周时期青铜器物同样使用繁缛的龙形纹饰，但商代青铜龙纹因其嘴巴大张、形态狰狞，凸显神秘诡异的宗教崇拜意识。周代青铜龙纹更显优雅柔和，富有内在的亲和力、外在的装饰美，有较强的世俗生活气息。另外，凤纹在青铜纹饰领域的不断扩张应用，呼应了青铜纹饰面向世俗生活需要的创新精神。凤和龙本来都是代表祥瑞之物，但它们的形象及内涵截然不同。龙纹传递威严神秘的气息，让人敬畏，难以亲近；而凤纹代表和谐、柔美，传递温馨安宁的气息，增强了青铜工艺的世俗审美品质。

1.6.3 先秦青铜工艺的技术创新

先秦青铜工艺的繁荣，依赖于不断进取的技术创新，如陶范法、失蜡法、分铸法、焊接法、镶嵌法等工艺技术。每一次技术创新，都带来了独特的青铜工艺成就。

陶范法是先秦青铜工艺技术创新的基本成果，也是后续青铜工艺技术创新的重要基础。陶范法与石范法、木范法一样都是青铜模范法的一种，但陶范法是模范法中较流行的一种青铜铸造方法，包括制模、翻范、浇注、修整等主要工艺技术流程。

制模就是制造青铜母模、母范，它决定青铜器的基本面貌，是非常关键的技术工艺程序。

翻范也称制范，是在母模的基础上翻制外范与内范，直接用于浇注青铜液，以便冷却后青铜器成型，是保障青铜浇铸工艺的重要技术流程。制范包括制泥、翻范、合范等基本程序。青铜器本身的艺术价值、审美特点，如青铜器壁面的光滑处理、花纹与图案的精美加工，都由制范打下决定性的基础，再由后期的修整工艺加以完善。制范既是青铜工艺的重要技术环节，也是青铜工艺的艺术环节。

翻制、组合好的陶范通常用泥沙或草拌泥糊严实，然后从陶范的浇注口注入青铜液。为了将青铜液中的杂质与气孔集中于器物底部，保证器物上部致密、花纹图案清晰，浇注口一般留在陶范的底部，即倒立浇注。这种浇注有时是一次浇注完成，称作“浑铸”或“整体浇铸”，有时需要分两次或多次浇注完成，称作“分铸”。工艺复杂的青铜器往往应用分铸法，即先将青铜器物的小件或附件如足、耳、钮、提梁等浇铸完成，再将小的铸件置放在器物主体（器身）陶范上加以固定、浇注，让器物附件与器物主体合为一体，完成整器铸造。

浇注完成后，待青铜液冷却凝固，就可以剥开陶范，取出青铜铸件，施以锤击、锯挫、錾凿、抛光等工序进行修整，消除多余的铜块、毛刺、飞边，一件光润整齐的青铜制品就制造完成了。

陶范法的工艺成本往往较高，其模、范往往只能使用一次。另外，陶范法的工艺审美价值会受到较多限制，如合范会留下范线、垫片，影响青铜器物的美观；浇注留下的气泡、厚薄不均，会影响青铜器物的品质。周代出现的失蜡法突破了这类技术限制，为创造更加精美的青铜器物提供了坚实的技术基础。在河南淅川境内楚王子午墓出土的《青铜禁》就是失蜡法的重要产物。该禁由禁体、附兽、足兽三部分组成，呈长方形，高28.8 cm，器身长103 cm，宽46 cm，是目前出土的时代最早、形体最大、工艺最复杂的失蜡法青铜器物，是中国古代青铜器使用失蜡法最重要的经典作品之一。其器身有粗细不同的铜梗纠结支撑，形成多层镂空云纹，禁体四侧攀附有12条透雕龙形兽，器底蹲着12条张口吐舌的透雕龙形兽。它的立体结构、纹饰结构错综复杂，体现出高度完美的青铜工艺技术。禁体的多层镂空云纹构件、龙形兽附件、怪兽器足的多层透雕结构部分都用失蜡法工艺铸造，案面的中部平面、龙形兽附饰、怪兽器足的单层结构部分用陶范法工艺铸造，然后以合金铸焊方法将全部部件焊接成一个整体，整个器物由陶范法、失蜡法、铸焊法等多种工艺加工完成。

湖北随州出土的曾侯乙尊盘套件也是应用失蜡法工艺铸造出来的青铜精品。它由尊、盘两件器物构成，都是用失蜡法铸造的。它的尊口沿装饰一圈由铜梗纠结支撑形成多层镂空蟠螭纹立体构件，颈部附有四条镂空吐舌怪兽，腹部和圈足附着立体蟠龙装饰。盘体上附着立体蟠龙装饰的器足，口沿为镂空花环，口沿上有四组长方形多层镂空附饰，对称分布，附饰下有两条扁体兽和一条双体蟠龙。尊、盘主体采用陶范法铸造，口沿上的多层立体镂空构件用失蜡法铸造，然后再用金属钎焊方法或铆接工艺把全部部件焊接起来，组装成尊、盘整体器物。

为提高青铜器的艺术价值与审美价值，先秦青铜铸造大量使用镶嵌工艺。它是借助镶嵌物与青铜器本身的色泽反差，在器表铸造或开凿的沟槽中镶嵌其他的金属或非金属材料。用于青铜镶嵌的材料通常有绿松石、玛瑙、玉石、红铜、金、银等，有的镶嵌成纹饰，有的镶嵌成铭文，有的点缀在已经铸造好的纹饰中，借以创造独特的图案效果。河南偃师曾出土商代早期镶嵌绿松石的兽面纹铜牌，河南安阳出土了商代晚期镶嵌绿松石的兽面纹方缶。其中，商代早期镶嵌绿松石的兽面纹铜牌长 14.2 cm，宽 9.8 cm，略呈弧角长方形。铜牌为青铜衬底，表面凸起，两侧有两组穿纽，用以固定在织物上。铜牌表面用数百块形状各异的绿松石小片铺嵌成饕餮纹图案。随州曾侯乙墓出土有战国时期的一件镶嵌绿松石的青铜豆，呈圈座高足圆形，高 26.5 cm，口径 20.6 cm，盖顶附四耳，整个器表装饰变形蟠龙纹，非常精美。曾侯乙墓还出土有战国时期的四件盥缶，它们的纹饰题材、结构相同，但纹饰所用镶嵌材料不同。两件镶嵌绿松石，多已脱落。另两件镶嵌红铜构成纹饰，保存完好，其中红铜含量98%，含锡1%~2%。根据器物本身的特点和需要，红铜镶嵌工艺有所区分，或嵌错，或镶铸。嵌错法就是将锻制的红铜片或红铜丝直接压嵌到事先铸出的纹饰凹槽内，再打磨、抛光，使器物表面平整光滑。镶铸法是先将红铜片或红铜丝铸造成形，然后固定在外范的型腔面上，在浇铸青铜器体时完成镶嵌，最后做打磨、抛光处理，突出红铜的镶嵌装饰效果。曾侯乙墓出土的战国时期镶嵌红铜盥缶就是镶铸法的精美产物。

当然，青铜工艺技术创新也体现在原材料的加工工艺环节，炼砂就是青铜工艺技术创新的重要环节。青铜铸造需要铜矿砂，铜矿砂有自然铜、硫化铜、氧化铜（如孔雀石）。殷墟出土有用于炼砂或熔铜的坩埚，俗称“将军盔”，自重7千克，因其坚牢笨重且负荷大，便于炼砂或熔铜，又因其尾长，便于倒插和倒转容器，可见此器物之特制特用，亦可说明晚殷青铜铸造术的进步。先秦青铜工艺在各个技术领域和环节的不断创新，极大地提高了中国青铜器的铸造能力，增强了青铜工艺审美价值和艺术魅力。

金属配饰概述

2.1 金属配饰

“饰”有装饰、修饰、美化的意思，配饰的产生与人类的生产活动密切相关，古人对配饰的需求一方面出于美的要求，另一方面也是出于某种宗教活动。早在史前时期，我国就已经有了戴在人体上的装配饰。如：现藏于辽宁省博物馆，辽宁省海城市小孤山仙人洞遗址出土的利用动物牙齿和贝壳做成的穿孔项链；陕西省宜川县龙王辿出土的可系挂的穿孔挂饰等。（图2–1）

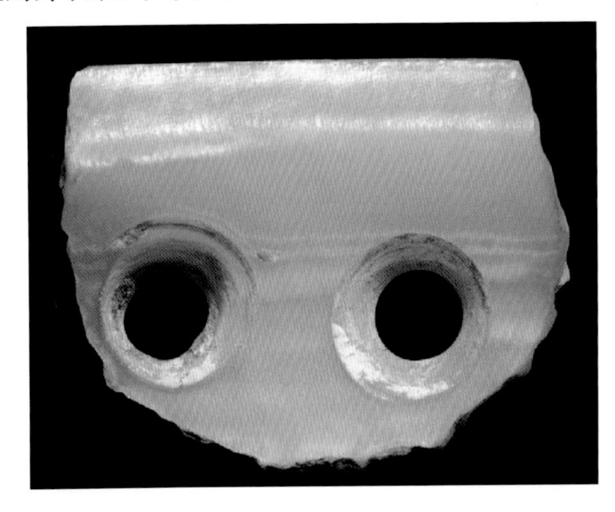

图2–1 穿孔贝饰

《后汉书·舆服志》载：后世圣人……见鸟兽有冠角髯胡之制，遂作冠冕、缨、蕤，以为首饰。汉末刘熙在《释名·释首饰》中载：凡冠冕、簪钗、镜梳、脂粉为首饰。这里“首饰”多指的是人佩戴在头上，用以装饰人体的配饰，如以贵金属、宝石等加工而成的雀钗、耳环、项链、戒指、手镯等，具有表现社会地位、显示财富及身份的作用。

因此，金属配饰是以金属作为基本材料，经过设计和加工而成型的配饰。随着时间的推移，泛指通过对金属材

图2-2 连理

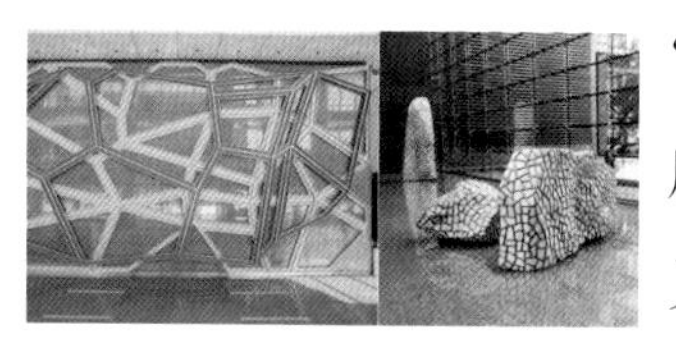
图2-3 景观雕塑

图2-4 新生

图2-5 花丝手镯

料冶炼、铸造、压力加工（轧制、锻压等）、切削、焊接、热处理等工艺制作用来装饰人体以及人周围环境的金属制品。

在现代生活里，金属配饰已经脱去历史中“工艺品”“奢侈品”等为少数人服务的外衣，伴随着人们的日常生活，融入了平常百姓家。现代金属配饰更加突出“饰”的功能，对于使用者而言最终归于释放情感、彰显个性，作为美化人们自身以及生活环境的角色。

放眼我国当代金属配饰，一方面部分设计以所谓的“国际范”“流行风”为标杆，依葫芦画瓢，缺乏底蕴和本应具有的民族文化内涵；另一方面，虽采用了中国元素却又弱化了时代特征和时尚风潮，脱离当代人的审美需求。

通常用来制作金属配饰的材料有金、银、铜、铁、锡、钛等，虽然它们的化学结构和性能各有不同，但是它们的熔点相对较低，便于冶炼、铸造和锻压成型，可以制造出比陶土更加坚硬耐用的物品。本书主要论述的是现代金属配饰，因此分类主要基于金属材料，同时包括各种宝石、玉石材料、有机材料以及其他仿制材料制成的装饰人体及相关环境的装饰品，如首饰、器皿、建筑装饰等。

金属配饰设计是以金属材料和加工工艺来界定的，从造型上分为：金属陈设品设计（图2-2）、金属壁饰设计（图2-3）、金属雕塑设计（图2-3）、金属器皿设计（图2-4）、首饰设计（图2-5）等。不同种类的金属，制作工艺各不相同；同一种金属材料，由于加工工艺不同，也会呈现出不一样的面貌。金属配饰的创作过程也是驾驭材料、多种工艺综合运用的过程，是艺术与技术的结合。

因为金属具有良好的延展性和可塑性特点，工匠们以日益精湛的技艺不断创造出变幻无穷的配饰或器物，融入人们生活，凝固于时空之中，成为人类文明的载体，即便在科学技术已非常发达的今天，许多传统金属配饰仍然被广泛运用，成为一个时代、一种文化的象征。

2.2 金属配饰的起源与发展

手工艺品不仅仅是满足生活之需，还承载着传承传统文化的重任。从人类文明开始，金属一直伴随着人类生活的方方面面，金属配饰在满足人类物质需求的同时，也给人以精神享受。手工艺人的劳作与社会的发展有着很大的关系，传统金属配饰可以引领社会风尚，能够改善生活的质量，在历史上是形成传统物质文化的主要因素。

随着社会的发展，人们的生活方式发生了根本性的变化，这对金属配饰的需求与生产都提出了更高的要求，尤其是工业革命后，新材料和机械化大生产为现代金属艺术的发展奠定了物质基础和技术基础。

在一个生存都无法保障的原始社会，人类装饰自己的动机是什么？今天的金属配饰，除了材质和工艺上的差异，已经逐渐淡化了由配饰所承载的身份地位、社会等级差别或是某种宗教功能，更纯粹地体现了装饰的功能？带着这些问题去研究金属配饰的发展历史，有助于了解当代社会人们对于金属配饰设计和需求的文化内涵。

2.2.1 中国早期金属配饰

中国最早关于金属艺术的记载源自《春秋左传》中关于九鼎的记载：

夏禹之子夏王启令九州牧贡献青铜铸鼎，事先派人把全国各州的名山大川、形胜之地、奇异之物画成图册，然后精选工匠，将这些画仿刻于九鼎之上，起装饰与象征作用，以一鼎象征一州，九鼎象征九州，反映了全国统一和

图2-6 司母戊大方鼎

高度集中的王权，故“九州”成为中国的代名词，“定鼎”象征着政权的建立（图2-6）。

1984年秋，在河南偃师二里头遗址出土的嵌绿松石兽面纹铜牌饰是夏代金属配饰的代表，它以铜为底，用绿松石镶嵌成兽面纹，是中国目前可查阅到的青铜器中最早的兽面纹镶嵌铜器配饰（图2-7）。

到了商王朝时期，青铜冶炼技术发展迅速，从材料、工艺到规模都有了很大提高。这时候的青铜器主要是用来祭祀的礼器，其造型多为象、牛、虎、犀牛、猫头鹰等当时人们所崇拜、供奉的动物形象。这一时期的金属配饰，多饰以各种造型夸张的鸟兽纹、云纹等。人们将青铜器作为祭祀礼器，这些纹样造型在“饰”的功能下，还包含着古代人们希望与神灵沟通的想法，他们认为乘骑这几种兽类、鸟类就可以上天与祖先或者神灵对话，云纹一般作为青铜器上的底纹，也有着上天的寓意。

图2-7 兽面纹铜牌饰

无论造型还是装饰纹样，青铜器旨在象征当时的宗法制度、君权、族权、神权，具有维护等级制度和加强统治的作用，其社会意义大于实用意义。代表作品主要集中在内蒙古鄂尔多斯草原及河套地区，以铸有动物纹为主的青铜牌饰为主，如盘虎形牌饰、蛙形纹圆牌饰等。

同样拥有出色的青铜冶炼和铸造技术的巴蜀文化分布于四川境内以及陕南、滇北一带。巴蜀文化与中原文化有所区别却又有内在联系，典型代表是广汉三星堆。三星堆是古蜀国都城所在地，出土的青铜器物震惊世界，堪称金属艺术瑰宝。三星堆出土了一批青铜人物祭祀像，其中有一座是至今为止发现的最大的青铜立人像，表明早在3 000多年前，中国已有制作大型青铜人物雕像的技术。另外在同一祭祀坑出土的青铜人首，它们的面部表情怪异、造型夸张，脸部呈现方形，宽嘴大耳，这种造型夸张、具有张力的形象表现极具艺术感染力，可能与当时的祭祀文化有关（图2–8）。

图2–8 青铜人首

青铜时期的中国古代金属艺术成就是中国古代劳动人民智慧的结晶，主要体现在青铜器的铸造工艺以及青铜合金的发明上。当时所用的铸造工艺是陶范铸造法，即用泥塑成型后翻制成内芯，烧制成陶范，再浇铸铜水制成青铜器。由于技术和材料所限，陶范在浇铸后要被打碎才能取出里面的器件，因此一件陶范只能做出一件青铜器。现代的铸造技术，是在传统陶范铸造技术的基础上，将陶范的材质变成了可以反复多次使用的用砂、铝等所制成的铸模，使古代先民们的智慧从技术和精神上得到延续。

2.2.2 春秋战国时期的金属配饰

随着社会的发展，金属工艺越发成熟，春秋战国时期将陶范铸造工艺淘汰，代之以更为先进和精细的失蜡铸造工艺。春秋时期的金属艺术已然与自身民族文化相结合，形成了具有东方神韵的审美体系，民族化的特征更加鲜明。与商周时期相比，出现了大量繁复、交叉盘错的立体装饰纹样，这些细节丰满繁复的装饰大多用于制作大型青铜器。

这一时期，还出现了镶嵌、金银错和包金等新的金属工艺。尽管在同一时期，地球上的其他文明也有金银错这些相似工艺的工艺品产生，但是对于古代中国而言，金银错工艺是成就了自春秋战国时期到汉代的金属艺术之辉煌的重要工艺之一，不能不说是一个重要的技术进步。

图2–9 错金银虎噬鹿铜屏风座

这一时期艺术家们更注重人与自然的关系，注意形、神的刻画，而不再局限于单个人物、动物的表现。器物造型着重实用与审美的结合，淡化了“器以藏礼”的青铜器传统样式，侧面反映出人们审美需求和精神需求的上升。代表作有《错金银虎噬鹿铜屏风座》（图2–9）。一件屏风底

图2-10 兽首形错金银辕饰

座，生动地表现了猛虎扑食小鹿的场景；《兽首形错金银辕饰》（图2-10），用于车辕的装饰，既是美观的需要，也有祈求出行平安的含义。

2.2.3 秦汉时期的金属配饰

秦统一六国后，致力于制作出有秦国特色的艺术品。出土的铜马车与兵马俑一样，都是举世闻名的秦国艺术代表。代表作有“华胜”，《释名·释首饰》中载：“华胜：华，象草木之华也；胜，言人形容正等，一人著之则胜，蔽发前为饰也。”华胜饰为汉代花形首饰，多为妇女插于发髻中或缀于额前（图2-11）。

图2-11 发型陶俑

进入汉代，战事减少，百姓安居乐业，贵金属制品成了贵族生活的象征。出土的大量随葬物品就是很好的佐证，最为著名的是出土于江苏盱眙县穆店南窑庄的西汉金兽，金兽下盖着一个装满金器的铜壶，造型屈腰团身，是纯金经过铸造后，又在通身锤击或錾刻上斑纹，纹理精美。尽管现代考古学家并未完全弄清金兽所代表的动物原型及其用途，但是西汉金兽为世人呈现了古代匠人高超的手工艺和对美的精神追求。

西汉中山靖王墓位于河北满城，出土了赫赫有名的《长信宫灯》（图2-12）、《错金博山炉》（图2-13）、《金缕玉衣》等。特别是《长信宫灯》，具有通风、可调节灯光等功能，将艺术性、科学性完美结合，令人叹为观止。错金博山炉虽是贵族日常香薰用品，但其通体错金，炉盘上铸出层峦叠嶂，山间还有野兽出没，猎人行走于山间，整个炉体工艺精湛、灵气生动。在同一墓中出土的还有鎏金兽首双身铜案角饰，用作木器边角装饰，独具匠心。可见当时贵族对于金属艺术的热衷，大量的金属装饰也是凸显其身份地位的重要象征。

图2-12 长信宫灯

2.2.4 唐宋元明清的金属配饰

图2–13 错金博山炉

唐朝是当时世界上最强大而繁荣的国家，地大物博、对外交流频繁，这些都极大地促进了当时科学技术的发展。这一时期最为瞩目的要数金银器，唐代出土的金银器物工艺精湛，造型复杂且规模巨大。唐代金银器的造型和工艺主要受到以下几个方面影响：

一是当时道教、佛教盛行，唐代帝王贵族多信奉道教，对于长生不老的强烈追求和向往，致使道士风行研制“仙丹”“金丹”以助人延年益寿，这也影响到了唐代贵族的生活和审美。动物纹饰和植物纹饰常见于唐代金银器，仙鹤、鸾凤、孔雀等是常见的动物题材，因为这些多是道教中与神仙高人有关联的神鸟。《抱朴子》中记载，虎、鹿、熊、兔乃是寿千岁的动物，因此常被用来表达长寿的寓意；还有桃、葡萄等能与“仙界”、长生挂钩的植物，也是常见于唐代金银器的图案元素。

图2–14 葡萄花鸟纹银香囊

1970年出土于陕西省西安市南郊何家村的唐代《葡萄花鸟纹银香囊》（图2–14）是目前发现的香囊中最为精细的一枚，在直径仅4.5 cm的球面上，镂刻着精致的葡萄藤花纹和鸟纹。

二是张骞出使西域后，丝绸之路开通，中国与西域各国交往频繁，其中以中亚粟特、西亚波斯萨珊、欧洲罗马拜占庭对唐代金银器的制作和发展影响较大。

丝绸之路开通前，中国传统金银器工艺有压模、鎏金、锤鍱、拉丝、镶嵌、錾刻等；丝绸之路开通后，与西方文明深入交流，又出现了新的制作工艺，如炸珠、掐丝、累丝等，不仅仅是工艺，金银器的装饰纹样也受到影响，到唐代后期，外来纹样逐渐融入了中国传统装饰图案，异族风格的设计便难见到了，呈现出中西融合的面貌。

图2-15　李倕公主凤冠

图2-16　花卉纹直柄镜

图2-17　银鎏金镶珠金翅鸟

三是唐王朝国力昌盛，外交上经常有互赠礼品的习惯，唐朝皇帝经常将金银器赏赐给外交使者或者大臣。因此，金银器除去其使用功能、观赏功能外，也是身份地位的象征。唐朝有明确规定，一品官员以下使用的食器，不得用纯金纯玉。可见，在我们深入了解这些金银器本身的同时，其呈现出来的造型、材质、肌理等，也是当时政治、经济、文化的缩影。发现于西安理工大学曲江新校区的唐代《李倕公主凤冠》（图2-15），使用了绿松石、红宝石、金银铜铁等多种装饰材料，色彩绚丽，繁复奢华，是代表性作品。

宋代的金银工艺技术进一步发展和成熟。宋代统治者以简朴节约为主，严禁奢华，这可能是现今出土的宋代金银配饰少于唐代的原因之一。铜铁制品在宋代得到了广泛应用，铸造技术得到发展和创新，一改以往铜镜只有圆形的造型，出现了带柄镜、方镜、鸡心镜等各式各样的铜镜（图2-16），因而铜镜成为当时艺术成就最高的的金属艺术。宋代佛教盛行，与佛教相关题材的金属艺术非常常见，如云南大理崇圣寺出土的一批宋代金银器中，有一尊银鎏金镶珠金翅鸟（图2-17），便是一件古代艺术珍宝。

元代是由少数民族执政的王朝，忽必烈对于文化、宗教信仰的包容，让元代成一个多元文化的汇聚中心，文化交流空前繁荣，各地工匠都被吸引过来。元代金属配饰主要以金、银、铜、铁、锡为材料，采用铸、锤、錾、刻、编、掐等工艺，风格独特。在内蒙古地区曾出土过一批元代金银首饰，多以植物纹、龙凤纹为主，元代的王公贵族常用金银、宝石、玉石等作为带饰以显示其身份的尊贵。

明代小件的金属制品已经在民间普及，金银工艺则在编、织、盘、辫、码、拱上有所突破，掐丝工艺达到登峰造极的水平。万历皇帝《金丝翼善冠》（图2-18）便是通体由金丝编织而成，犹如蝉翼般轻盈剔透，它是这一时期罕见的集艺术价值和实用价值于一体的艺术珍品。现藏于北京故宫博物院的明神宗孝端皇后《镶珠宝点翠金凤冠》(图2-19)是集精致与奢华于一身的艺术品，冠顶等距排列金丝编织的金龙，龙口衔流苏以作装饰，整体饰以珍珠、点翠以及各种宝石，彰显了佩戴者身份的尊贵。

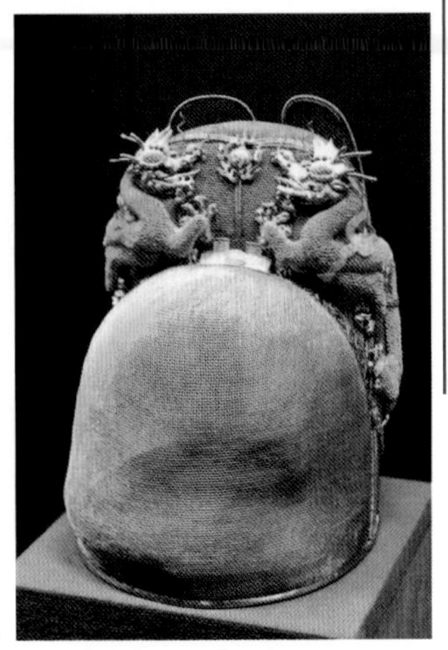

图2-18 金丝翼善冠

图2-19 镶珠宝点翠金凤冠

清代金银工艺制品俨然成了皇室的专属，工艺上多用花丝镶嵌，显得繁复华贵。除了贵金属工艺品外，清代宫廷内务府还设立了铸造作坊，用于铸造皇家专用的器物，如颐和园内的铜狮、铜龟等。这一时期民间最有特色的金属艺术则是用铁片和铁丝经过锤锞、焊接等工艺制成浮雕式的铁画(图2-20)，又称铁花，是源自安徽芜湖的民间金属艺术。

图2-20 芜湖铁画

2.2.5 现代主义时期

第一次世界大战之后，生存环境和人们的审美趣味都发生了根本性变化，现代主义便随之诞生，这些对金属艺术形式和审美都产生了重大的影响。现代艺术一反传统艺术的“高冷”，走向大众化和工业化生产，如德国的表现主义、俄国的构成主义、意大利的未来主义和荷兰的风格主义等。1919年诞生的包豪斯学院，是世界上第一个推广现

图2-21 包豪斯设计学院

代设计教育的学院，虽然在1933年被迫解散，但包豪斯的设计理念却开启了现代艺术设计的新篇章。(图2-21)

包豪斯风格主张设计与生产相结合，十分注重设计产品的批量化生产，包豪斯的设计师们设计的金属配饰造型奇特，线条概括简练，工艺精湛，表现出现代工业特征、前卫意识以及机械化生产下的冷漠和严峻，从艺术的角度诠释了工业技术和科学文化的发展趋势。(图2-22)

图2-22 不锈钢茶壶

2.2.6 金属配饰的角色演变

纵观中外金属配饰的发展历程，金属配饰的产生、发展与其所处时代紧密相连。中国古代金属配饰最初主要作为身份地位象征的礼器、随葬品。随着时间的推移和需求的变化，尤其到唐代，配饰从单纯的身份地位象征转向日用品、装配饰。人们对于金属配饰的热衷，与金属材质本身所具有的象征意义密不可分。作为自然给予人类的馈赠，金属从物理性质上就表现出了区别于其他自然物的特征——耀眼的光泽、坚硬且具有可塑性。

无论金属配饰的功能和象征意义如何随着时代而变化，金属艺术的符号意义都离不了宗教信仰、荣誉象征、传统文化、审美情趣等关键词，金属配饰作为文化和艺术的载体，反映出它的时代特征和精神风貌。

2.3 金属配饰的种类与审美特征

金、银、铜由于具有稳定性和延展性以及华丽的外表，一直是金属配饰中最常用的材料，伴随着人类文明发展，几乎所有关于金属的工艺都是围绕着这三种金属的性能而展开。

铜是最早被人类使用的一种直接来自自然界的材料。

随着技术的发展，人类发明了在红铜中加入锡和少量铅，炼成一种硬度大、熔点低的具有美丽色泽的合金——青铜，从而使人类文明实现了一次跨越。

金、银有不生锈、不氧化、不溶于酸碱和延展性较好的性能，故黄金与白银一直被视为贵重金属。银的储藏量多于金，但其性能远不及金。

金属材质性能不同，适用于加工制作的工艺程序也不相同。我们从绚丽多彩的中国古代金属艺术发展中发现，青铜多以范铸法或失蜡法工艺为主，金银工艺则以锤锞法为长，并以此形成了中国金工艺术历史上两大明显不同的发展阶段，即夏、商、周至春秋、战国时代的青铜艺术和成熟的唐代金银工艺。

2.3.1 金属配饰种类

金属配饰按材料可分为金器、银器、铜器（包括仿古铜、斑铜等）、锡器、铁画等。按用途可分为实用品、陈列品和配饰等。

实用品有瓶、盘、炉、火锅、铜壶、银餐具、锡酒具、茶具等，还有宗教佛事用品如炉、铃、钟、磬等。这类实用工艺品一般都经过铸、锻、刻、镂、焊、嵌等工艺，具有类似浮雕的装饰，不同于一般家庭日用品。

陈列品有屏风、壁饰、摆件、车饰、马饰、轿饰，各种仿古品如鼎、熏、卣、觚、爵等。

配饰有头簪、戒指、手镯、项链、耳环、领带夹、袖扣、胸花、领花等。此外，还有实用与装饰相结合的金属工艺品，如手杖、宝剑、钟表等。

一、铜器

商、周至春秋战国是青铜艺术的鼎盛时期。“钟鸣鼎食”是奴隶社会贵族生活场景的一个缩影。在青铜器中，

“鼎”实用的功能价值、精神价值远远高于同类的礼器，它是国家社稷的象征，是社会等级制度和权力的标志，天子用九鼎，诸侯用七鼎，大夫用五鼎，士用三鼎，体现出宗法礼制严格的规范和威严。代表作《司母戊大方鼎》造型严整端庄，气势雄浑凝重，经过几千年依然给人以巨大的精神震撼。取材于现实生活的“水陆攻占”“采桑宴乐”等场景直接表现在青铜器上，结合金银错、鎏金法、镶嵌术等新的装饰技艺，把具有凝重、狰狞之美的青铜器妆点得绚丽多彩。

图2-23 鎏金铜辅首

汉代之后，青铜器作为装饰品，或作为贵族的享用品，更多地转向直接服务于人们的日常生活。既具有实用功能，又有观赏价值的《鎏金铜辅首》（图2-23）等作品就是代表。铜镜在当时成为人们日常生活的必需品。

二、金银器

据考古资料发现，我们最早的金器产生于商代，最早的银器大约出现于春秋战国时期。由于自然界无纯银，需要比较复杂的工艺才能提炼出来，故银的使用要比金晚千余年。

商代已能用金片制成小件配饰。相比较而言，北方匈奴族的金银器要比中原发达，内蒙古出土的战国晚期匈奴王的遗物中，金银器制作除了范铸工艺外，还出现了锤鍱、镶嵌、镌镂、编累、掐丝等工艺，令人惊叹。

秦汉时期，金银工艺开始脱离青铜器制作的传统技术，逐渐走向独立发展阶段。唐代，金银器前所未有地受到人们的钟爱，实用器占据很大比重。金银器上饰满珍禽怪兽、花卉人物，把大唐的盛世之美永存世间。技精艺美的唐代金银器是继青铜艺术之后中国金工艺术又一高峰。

宋代金属艺术在继承唐代的基础上又有所发展，工艺从唐代的14种增加到19种之多。金银器作为商品，上至皇亲贵族，下至普通百姓都有使用。宋代金银器相比唐代的富丽堂皇，更显得风格素雅。

明代将金银工艺和宝石镶嵌工艺相结合，尤其是掐金丝的“金细工”出类拔萃。《镶珠宝点翠金凤冠》是明代金银工艺品的杰出代表。明代景泰年间盛行的一种在铜胎上掐铜丝，再填珐琅釉彩的工艺品，量大、艺精，俗称“景泰蓝”，时至今日这种融金属配饰与珐琅工艺为一体的工艺品仍享盛誉。清代又将这一工艺发展到金银器上，点烧透明珐琅，或用金掐丝填烧珐琅，更显得奢侈华丽。

中国古代金属配饰主要以饰物和器皿为主，直接表现人物题材的作品为数甚少，这一特征恰与外国古代金工艺术形成鲜明对比。

三、古代外国金属配饰

公元前3000年左右，两河流域苏美尔人的青铜和金银等金属工艺已相当成熟，他们用金片与宝石、贝壳等材料互相搭配成造型生动的《带翼的小山羊》《金牛头竖琴》等金属配饰。波斯帝国受两河流域文化影响，最擅长金工艺术，《有翼狮脚杯》是古波斯的代表作。据一位古希腊作家记述，希腊人从波斯王宫取走39 000件金银器，可见当时波斯金工艺术的发达。《狩猎银盘》是波斯帝国的代表作。阿拉伯人吸收了古印度、古希腊、古罗马和中国汉唐文化的一些因素，形成了对人类历史有巨大影响的伊斯兰文化。《长颈瓶》由金、银、铅和绿松石等镶嵌而成，从不同材质和工艺手段上充分体现了阿拉伯人在金属配饰方面精湛纯熟的技艺。

美洲大陆古代的印第安文化，无铜制品发现，但金银工艺却十分发达。代表死神密奇斯特利形象的《金制胸针》是一件著名的金属配饰。遗憾的是印加人打造的“黄金花园”被西班牙殖民者毁坏，熔成金块送回了欧洲。

《舞神湿婆》是用古印度失蜡法铸造的杰出金属艺术作品，造型生动自然，构图玲珑剔透，富于曲线美。随着佛教和印度教的兴起，用于宗教的各种法器和神像的金属雕塑流传开来，促进了印度铸造技术的发展。

古希腊人十分钟爱将优秀运动员和神话传说中众神的形象用青铜铸造成铜像，例如宙斯像。公元前1600年左右的《人像金杯》（图2-24）是希腊太古时期爱琴文化的金属工艺水平的代表作品。

图2-24 人像金杯

古罗马金属配饰是继承古希腊青铜艺术发展而来的，更加广泛应用于日常生活之中。从床、椅子等大型家具到壶、碗、杯等饮食器，以及烛台、灯具、镜子等日用品几乎无所不有，其中银器最具特色。一套好的甲胄成为贵族们炫耀的资本，也体现了工匠们高超的技艺。文艺复兴时期，基伯尔提为佛罗伦萨天主教堂创作了《青铜大门》，米开朗基罗赞叹此门“美丽到配做天国之门了”。《盐缸》是出自一位名门金匠之手的旷世奇作，《六瓣花高脚银杯》

（图2–25）是享誉整个欧洲金属配饰界的精湛之作。

从17世纪的“巴洛克”到18世纪的“洛可可”，欧洲的金工艺术受到浓重的“装饰风”的影响，极力追求奢华、繁缛纤丽的艺术效果。

物极必反，当人类走向文明社会之际，风靡一时的“装饰风”首先遭到人们的扬弃。工业革命在包豪斯主义的影响下，形成了新的行为方式和艺术模式，标志着人类进入一个新的历史纪元。

图2–25 六瓣花高脚银杯

四、现代金属配饰

人类文明发展的几个重要历史阶段，如果将陶器作为原始社会的文化标志，青铜器作为奴隶社会的文化标志，铁器作为封建社会的文化标志，那么以钢为代表的新材料则是人类进入现代工业社会的标志。

20世纪以来，人类的观念、思想及生活方式上都发生了一系列翻天覆地的变化。金属艺术受现代艺术“自我表现”“非理性”“无意识”等思想影响，不仅强调象征及形式意义，而且试图对人、自然、生存等作出当下意义上的诠释。在视觉形式上，现代金属艺术受抽象主义、立体主义、构成主义的影响，大量借鉴现代雕塑、现代工业产品等表现手法和技巧，对传统宫廷、宗教的工艺样式进行重构，设计制作出符合大众审美的、时尚前卫的现代金属艺术品。

现代金属艺术不受任何一种模式的制约，以全新的观念、新奇的创意、丰富的形式和精湛的制作技艺，不断探索并发挥它的巨大表现力，强调作品对人精神和心理的作用，呈现多元化、多层面、多角度的面貌。（图2–26、图2–27）

图2-26 云门豆不锈钢雕塑

图2-27 动态雕塑

2.3.2 金属配饰审美特征

金属艺术因工艺技术的进步与时代精神的差异而呈现不同的审美特征，以传统儒家思想为内核的金属工艺在不同历史阶段经历了“错彩镂金”与“清水芙蓉”两种美学风格此消彼长的发展过程。

工艺美术的审美历史与时代精神密切相关，以儒家礼乐思想为内核的中国工艺文化经历了早期的质朴、商代的繁缛、西周的理性简朴、东周的新巧惊奇、秦汉的壮美雄奇、魏晋南北朝的清新玄疏、唐代的满大华美、宋代的淡泊雅致、元明清的繁复绚烂的审美历程。

从审美风格和文化学的角度，传统金属工艺设计文化体系有三种形态，即宫廷礼制文化、民间礼俗文化和文人礼乐文化三个层次。这三个层次相互影响，形成了传统的中国器物文化并积淀下来，成为中国传统工艺美术设计的“元”审美精神。中国传统工艺文化孕育了“精益求精、追求极致”的中国工匠精神，对传统工艺美术的传承与现代转化，重构美好社会的“人伦物序”有积极的作用。

人类从诞生之日起，就面临着许多不可抗拒的生存威胁，诸如自然灾害、战争等，所以如何更好地活着便是人类的本能之需，是人类所有努力的出发点。先民为了生存，保护本族人延续与发展，创造出消除威胁因素的行为活动及民族文化。这种对生存追求的动机是引发造物文化和精神文化发展的开端。

纵观古代金属艺术，审美特征主要有：生命繁荣之美、浑厚饱满之美、多彩繁缛之美、纯朴原始之美、自由奔放之美。随着时间的推移和时代的发展，金属艺术的审美特征发生着巨大的变化。

一、时代性的体现

现代资讯和交通给人带来的不仅是便捷、高效和舒适的生活，还是一种全新的世界观、价值观。英国工业革命让人们尝到了机械化及现代文明的甜头，使艺术与科技的距离拉近。

金属特性本身所具有的现代感和未来感与机械相结合，加上新技术的运用，一方面使设计师摆脱了技术上的局限，能够集中精力去探究新风格、新形式，另一方面设计师可以通过挖掘金属的特性去表达更具有现代感的风格和样式。以金属作为媒介，通过切割、冲压、焊接等技术，大大改进了传统意义上的造型和工艺，给金属赋予了无限的艺术张力。

在现代消费社会，技术的进步和高度信息化为现代艺术带来的另一个巨大的变化是“消解”和“复制”，让大量象牙塔里的艺术品走入寻常百姓家，成为了商品。波普艺术便因此而诞生，波普艺术先驱安迪·沃霍尔有一句名言：“我想成为一台机器。”艺术和商业的结合，是现代消费社会的一个普遍现象。大到各种高端定制、奢侈品牌，小到路边地摊，都充斥着工业化的机械复制产品。金属这种易于成型、价格选择范围大、贴近生活的材料自然而然成为首选。

现代科技的发展以及不同学科之间的交叉融合对金属工艺的发展产生了巨大影响。比如3D打印技术的出现，对产品设计及首饰设计带来了革命性的进步。

二、文化性的体现

虽然社会和科技迅速发展，但是历史留给我们的文化沉淀和艺术积累是任何先进科技都无法替代的。东方艺术的神秘、西方艺术的华贵，并非简单言语能够概括，也非一朝一夕就能改变。

以柳宗悦为代表的日本民艺理论家从理论上完善了日本工艺体系。日本现代设计崇尚自然，将禅宗思想作为设计理念贯穿其中，作品形成了质朴、简约而不简单的独特意境。建立在传统文化和工艺基础之上的日本设计看似简洁，却饱含禅意与哲学内涵。日本设计师对民族传统文化的重视与保护、对现代技术和国际风格的把握都反映在他们的作品中。如日本后现代设计大师仓右四郎设计的《明月高悬椅》（图2-28），柔韧的金属网状编织既让使用者感到舒适，同时让人联想到传统编织物，落地灯映射着镂空的金属框架，宛如挂在高空的明月映照出婆娑的树影。日本设计师对于自然、简单朴素的追求，与意境的相互融合，使得日本金属配饰具有浓厚的人文气息。日本首饰设计大师影山公章的设计则更注重佩戴者自身与社会、他人和自然之间的交流，他认为通过佩戴配饰这个过程中与身体的接触、皮肤与外界的接触，配饰成为人的心灵与外界的交流桥梁。

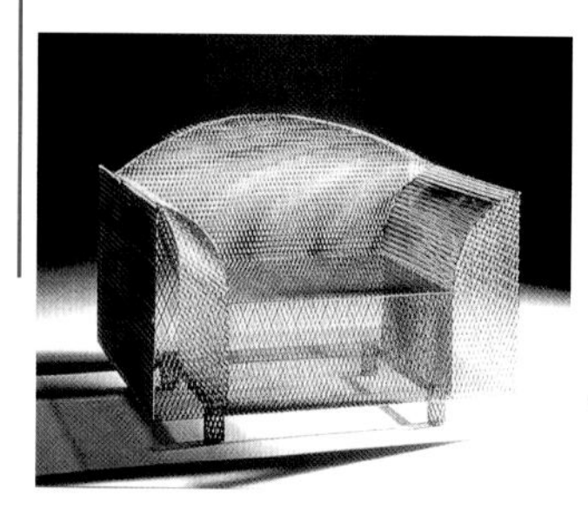

图2-28 明月高悬椅

三、情感的个性化体现

情感是艺术表现的永恒主题。在这个高度工业化和信息化的时代，物质极大丰富，现代艺术就是将情绪、情感以及单纯的美等融为一体，再以各种方式去表达或宣泄。现代金属艺术设计师更多要表达的是“自我”，而非传统金属制品的“实用”。他们将金属配饰作为自己心灵的写照，将浓厚的个人风格和情感体现在金属配饰之中，从而唤起观众心灵的共鸣。

波普艺术是流行文化与商业文化的碰撞在艺术领域的“反应”，是二战后一代年轻人对自我个性的强烈表现和价值观的“标新立异”。美国雕塑家奥登伯格将日用品放大，置于现实生活环境之中。他曾说，他使用质朴的仿制品，并不是由于他缺乏想象力，也不是由于他想谈谈日常生活。

他是那么容易就将生活中一件普通的物品转变为艺术，变得让人容易接近，可见情感化的设计通过简单的“放大”就能将复杂的情绪完整地表达出来。他让那些看似简单的生活用品，还原成点、线、面的构成，从千篇一律的生活用品中解放出来，成了有思想、有灵魂的符号。（图2–29）

图2–29 衣服夹子

四、生存立场的情感警示

工业化速度加快，在满足丰裕物质生活享受的同时，带来沙漠化、温室效应、雾霾等一系列环境问题，如何处理人与自然的关系成为人类不得不面对的一个重要问题。工业与自然的碰撞，自然主义、环保主义的兴起，反映出人们要求回归自然的迫切要求。

图2–30 河边小鸟

金属材料具有可回收再利用的循环使用功能。现代金属艺术家J.K.Brown利用废弃的金属碎片作为材料，将它们焊接、重组，制作成各种小动物，赋予了这些废弃金属第二次生命。J.K.Brown的材料来源于他平日散步随手捡到的废弃金属碎片以及被海浪冲回海滩的“垃圾”，当人们观赏着这些栩栩如生的“小动物”时，它们生动的形态和优美的曲线上面锈迹斑斑，赏心悦目却又触目惊心，仿佛生与死就在那一瞬间，这种视觉上的反差引人深思。（图2–30、图2–31、图2–32）

图2–31 青蛙

图2–32 蝴蝶

3
金属配饰的材料语言

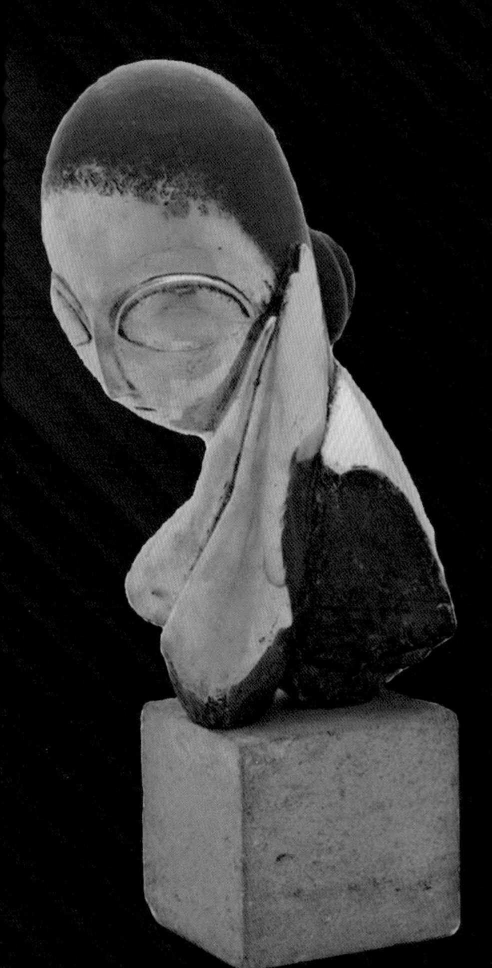

3.1 金属配饰的材料语言

传统的金属配饰注重材质自身的价值与象征意义，因此金、银等贵金属一直作为人们社会地位、身份和财富的象征而备受宠爱。

现代金属配饰更加注重发掘材质本身的美感，通过设计赋予其更丰富的文化内涵，拓展了金属的表现力和感染力。“根据材料来设计构思”成了现代金属艺术设计的一条十分重要的原则。不同的材料有不同的美感，材质的美感因素是构成作品风格的有机成分，工艺的选择和加工手段是不同美感得以充分展示的前提。因此，制作的过程也是艺术家与材料对话的过程，在这个过程中，艺术家的才情和技巧不断升华与完善，最终成为一件洋溢着艺术家个性风格，又独具金属材质魅力的艺术作品。

现代金属艺术在传统金属工艺基础上结合现代设计思想，逐渐摆脱纯实用的制作局限，注重纯审美的装饰造型，追求金属自身的材质美与制作工艺过程中不可复制的痕迹美。

随着工业技术的发展，金属成型工艺不断进步，20世纪初产生的直接金属雕塑便受益于此。直接金属雕塑是通过对金属材料进行切割、锻造、焊接、打磨、抛光等工艺而直接成型，使金属材料成为具有体积和空间的艺术作品。

西班牙的胡里奥·冈萨雷斯是直接金属雕塑最早的艺术家之一，他的雕塑突出金属材料的材质美，具有构成主义的成分。他常用氧焊技术将铁管和金属薄板组合在一起做成雕塑，那带有抽象形态的焊接雕塑打破了传统雕塑实体空间的表现手法，成为最早的直接金属雕塑，标志着现代雕塑的主要手段——直接金属雕塑的问世（图3-1）。冈

图3-1 无题

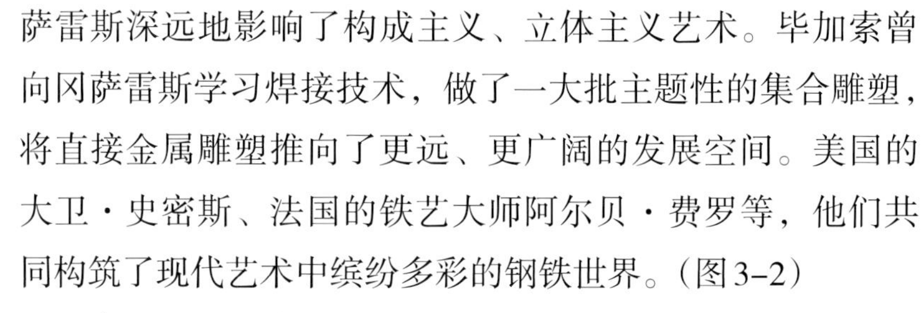

萨雷斯深远地影响了构成主义、立体主义艺术。毕加索曾向冈萨雷斯学习焊接技术，做了一大批主题性的集合雕塑，将直接金属雕塑推向了更远、更广阔的发展空间。美国的大卫·史密斯、法国的铁艺大师阿尔贝·费罗等，他们共同构筑了现代艺术中缤纷多彩的钢铁世界。（图3–2）

图3–2　小提琴

康斯坦丁·布朗库西的作品造型单纯简洁，光亮异常的表面使一向凝重的青铜闪耀出令人耳目一新的炫目光彩，显示出一种精确严谨的美，这恰是构成他极富理性精神的艺术风格中主要的语言特征。他的代表作有《空间的鸟》（图3–3）、《波西尼小姐》（图3–4）。

阿尔贝托·贾科梅蒂将雕塑的量感排斥在细长的人物造型之外，作品以极粗犷的表面肌理显示出他强烈的与众不同的雕塑语言和视觉冲击力（图3–5）；达达派领袖人物让·阿尔普的作品《人类具体》，以光滑饱满的造型，最大程度地保持青铜的质地、肌理及蕴含的历史厚重感，又生动地体现了他无拘无束的艺术风格（图3–6）。

古老的青铜艺术在这些大师手中得到重新演绎，被注入了新的活力与生机。艺术与技术的发展总是相辅相成，

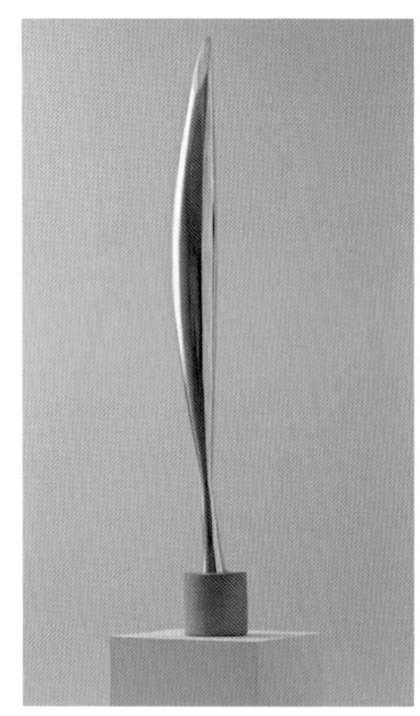

图3–3　空间的鸟

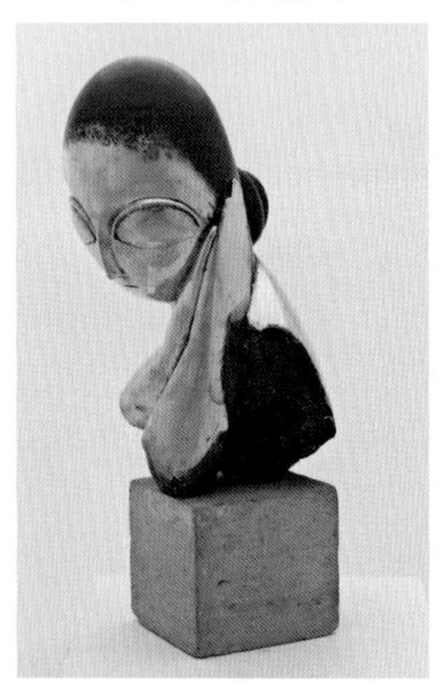

图3–4　波西尼小姐

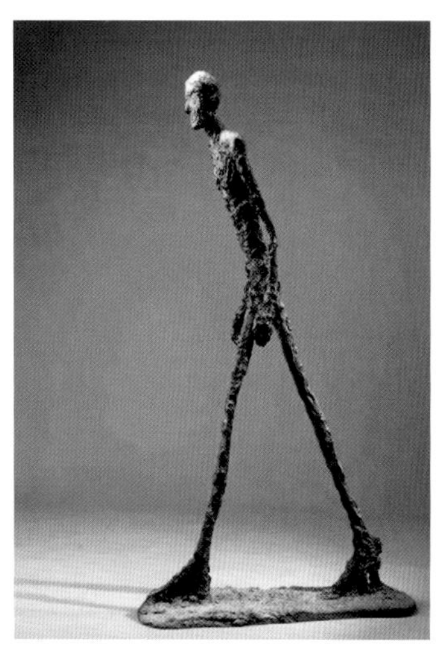

图3–5　行走的人

图3–6　人类具体

直接金属艺术的成型方式深远地影响了金属艺术的发展，金属也因其材质的特殊性伴随着技术的发展而呈现无限的可能。

3.2 常用金属材料的种类与特性

金属材料通常分为两类：一类以铁为主，因其颜色为黑色，故称为黑色金属；另一类如金、银、铜、锡、镍等，因各具不同颜色，故称为有色金属。此外，一种金属与其他金属或非金属融合而成的具有金属特性的物质，称为合金。合金的物理性质与原来的金属不同，一般合金具有更良好的性能。不同的金属材料具有不同的特性，因而会有不同的制作工艺。20世纪七八十年代，又出现了铝合金、钛、铂等金属艺术品，并创新了腐蚀填漆、钛阳极氧化着色及负氧离子镀等新工艺。

常用的型材种类有：板材、型材、金属丝、金属箔、金属带等。型材以根为单位，丝和带通常成卷。常用金属材料特性及艺术用途见表3–1。

表3–1 常用金属材料特性及艺术用途

金属材料	成分	熔点/℃	色泽	机械加工性	艺术用途
纯铜（紫铜）	铜	1 083	紫红	质地较软，延展性高，良好的加工性，易焊接，加工硬化	适合各种工艺造型
黄铜	铜、锌	900~1 000	金黄	良好的可塑性和耐腐蚀性、变形加工性能和铸造性能	适合各种工艺造型
青铜	铜、锌、锡、铅	约800	青灰黄	良好的铸造性能和塑性、变形加工性能	铸造为主
白铜	铜镍	约600	色泽如银，俗称镍银	类似黄铜	可替代银制造各种廉价的配饰

续 表

金属材料	成分	熔点/℃	色泽	机械加工性	艺术用途
铝合金	锰、镁、铜、锌等	约660	银白,一般光泽	易于铸造焊接,强度大,耐腐蚀,加工性能良好	铸造、焊接、雕塑
锡	锡	232	银白	质地极软,强度低,易加工	器皿、小配饰
锡镴	锡、铜、锑	244	银白	极易加工,可塑性高,易焊接	器皿、小配饰
铸铁	铁,含碳0.3%~4%	范围较大	灰黑,少光泽	硬而脆,耐磨、易加工,铸造流动性好	一般精度的铸造雕塑
熟铁	铁,含碳量小于0.3%	1 539	白色,通常表面有黑色氧化膜	相对柔软,不论高低温都易加工弯曲,易焊接	装饰铁艺、锻铁雕塑
不锈钢	铬镍合金钢	约1 400	亮白,可抛光至镜面效果	硬度高,延展性差,有一定韧性,可焊接	配饰、雕塑(多为抽象)

4

金属配饰设计

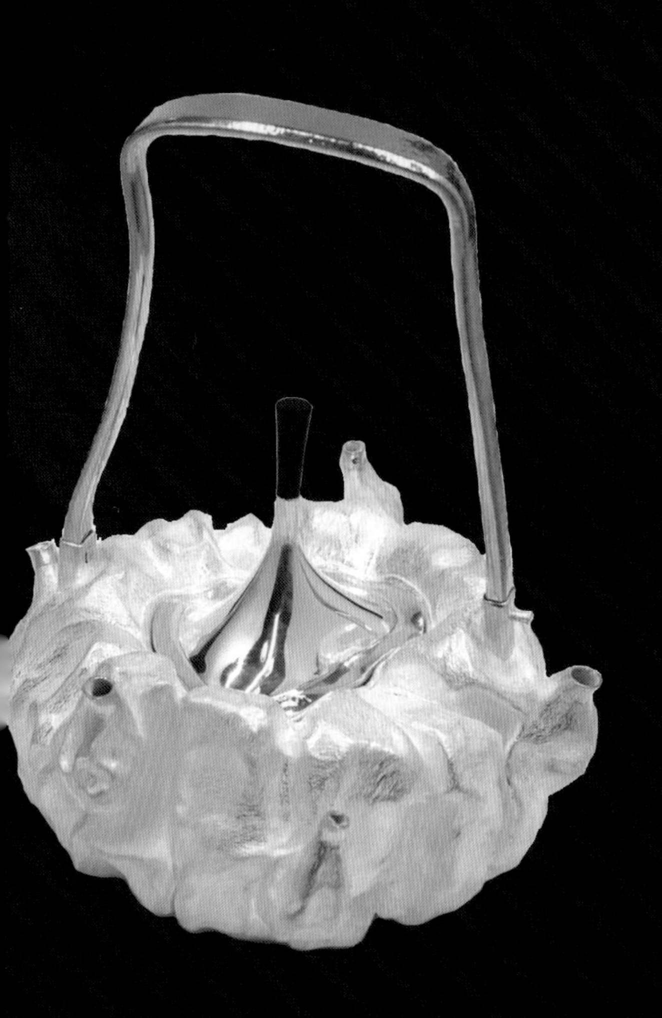

4.1 金属配饰设计的内涵

设计是创造，也是预想或规划，是将生产工艺和最终艺术效果进行合理选择、最佳编排的一种程序化的前期方案。生产加工是实施方案的过程，作品的完成则是设计方案的最终实物呈现。因此，设计要针对材质、工艺、艺术规律等诸多因素进行综合思考和预判。

好的设计固然力求作品在造型、装饰、色彩、肌理及功能上完整而有创意，还应充分考虑技术手段能否确保在加工过程中得到应有的发挥，淋漓尽致地将工艺的美体现出来，充分展现金属艺术特有的魅力。而这一切又是以尽可能简化的工艺程序，便于加工、降低成本为前提的。材质美和光泽感构成了金属艺术最鲜明、最富感染力的审美特征，通过设计展示金属艺术区别于其他艺术独具的艺术个性与魅力。

4.2 金属配饰设计的原则

设计师通过对配饰使用对象的调查和了解，根据其年龄、性别及文化素养等因素综合分析，从材质、工艺选择及艺术性等方面，设计出具有个性且满足消费者需要的作品。

一、材质美

黄金的辉煌、白银的高贵、青铜的凝重、不锈钢的亮丽……不同金属材质的属性所构成的审美特征，以不同的质地和光泽显示出来。对材质美的重视是现代金属艺术设计的一个重要方向，再结合现代加工技术将这极具现代意义的审美要素充分挖掘出来，可创作出紧随时代的作品。

二、工艺美

金属材料因物理特性不同，加工手段和制作技艺各有差别，而不同的工艺技巧和加工方式又呈现出不同的艺术效果。手工制作有一种自然、质朴的不可重复的独特美；机械加工简捷、明快、干净利索、线形挺拔、规范无误，或者有意突出焊、铆、切割、抛光等加工痕迹，构成机械美所特有的的力量感和现代感。无论手工制作还是机械加工，都是人的智慧和审美的体现。不同的肌理效果又是工艺美的一个具体而重要的构成因素，金属加工后的肌理也是一种工艺美的体现，它在金属配饰中具有举足轻重的作用。

三、艺术美

艺术美是一种综合的美，包含着对材质美的敏感、娴熟的技能和富有创意的精神，把人的精神、情感和观念变成了一种可感、可识、可触的具体形象。一枚戒指、一只耳环、一件青铜器、一件大型的不锈钢雕塑……都可以体现出人的精神、民族的信仰、一个时代的风貌。因此，艺术美是从物质的美感知生命的张力或精神，而创意则是把这种精神通过各种材料和工艺恰如其分地表达出来，通过作品给人带来精神享受。

总之，一件好的金属艺术品，必须具有以上诸多因素，这也是一个优秀的金属艺术家必备的素质。认识和掌握不同的金属材质性能和娴熟的工艺需要大量实践积累，而艺术素养的提高则是一个更长的过程，甚至要付出毕生的精力。

四、多元化

秀美的树叶、波动的水纹、有趣的贝壳、奇妙的肌理、动物的自然形态等自然之美都成为设计师的设计元素和灵感来源。

现代科技的发展带来了新材料和新技术，这些为金属艺术的创新从内容和形式上提供了更多的可能性，使艺术家的作品更能迎合时代或引领时尚。冲压、切割、焊接大大革新了传统金属工艺，新技术使得一些艺术家更注重强调作品的材质特性和制作工艺。如理查德·迪肯的作品，由金属板成型、车床加工、铆接而成。手工和现代工业技术的有机结合，创作出独一无二的造型，展现了工业时代的冷峻之美。

4.3 金属配饰设计的时代性

随着科学技术的发展，工业革命带来的大规模机械生产改变了人们的生活节奏和生活方式，新的金属材料、新的加工手段和新工艺的出现，改变了延续已久的塑造、雕刻、翻铸的传统金属加工模式。

钢、铁的高强度、高韧性以及切割、焊接、钻、铆、刨、洗等工艺，把金属材料潜在的生命力更加丰富多彩地表现出来。矗立于美国纽约自由岛上的自由女神像，采用钢材骨架和锻铜外壳相结合的焊接工艺，使一百多米高的雕像重量大大减轻，利用内部中空结构，人们可到达顶端的火炬，饱览远处海天一色的美景。这时期的代表作还有法国巴黎的埃菲尔铁塔，一座没有任何外观装饰，将钢结构完全暴露在外的巨型金属雕塑，它昭示了钢铁时代大工业生产带来的前所未有的震撼和超越想象的巨大创造力。

充分利用结构力学原理，发挥金属材质特有的美感，将技术当作目的而不是手段，是很多现代金属艺术家孜孜以求的探索实践。塔特林、罗德琴科、纽曼·嘉博、冈萨雷斯等一批雕塑家成为现代金属艺术发展领域里的杰出代表。在他们的作品中，无论是金属块材、线材，还是其他非金属材料，如木头、玻璃、塑料等，通过现代工艺的重构，彻底打破传统雕塑的体量观，充分发挥雕塑的空间魅力，由传统具象走向了更广阔的现代抽象艺术。

从20世纪初构成主义雕塑的形成到四五十年代的“活动雕塑”和“固定雕塑”，直至60年代以后的“极少主义雕塑”，作品由小到大、由少到多，形式多变，层出不穷，金属艺术直接融入人们生活，给人们生活和环境带来了丰富多彩的变化，成为一个比较活跃的艺术门类，在现代艺术发展历程中起到举足轻重的作用和影响。

随着工业化大生产的迅速发展，大量的工业制品和日用品成为废旧物品而被遗弃，艺术家以独特的审美视觉“发现”再加以丰富想象进行重新“组合”“重构”，将之变成了具有鲜明时代特征的金属材料制成品或与传统艺术概念截然相反的“现成品艺术”。在这类作品中，传统艺术语言丧失了原有的功能，金属拼接和焊铆工艺作为现代艺术表现形式之一，直接运用于艺术创作之中，创造了“直接金属雕塑”。金属配饰的语言特征和形式构成进一步丰富，越来越直接、纯粹而自由。如：毕加索巧妙地把自行车车把与车座组合成一件著名的作品《公牛头》（图4–1）；冈查列兹擅长用铁管、铁丝或铁制构件焊接女性题材的作品，他开启了在雕塑上用铁的新时代；英国雕塑家包洛奇用破烂的机器零件杂乱地暴露于外的手法来创作怪诞但又充满生命力的人物形象，后来他反其道而行之，采用抛光的铝制零件来制作精细严密的构成作品（图4–2）。

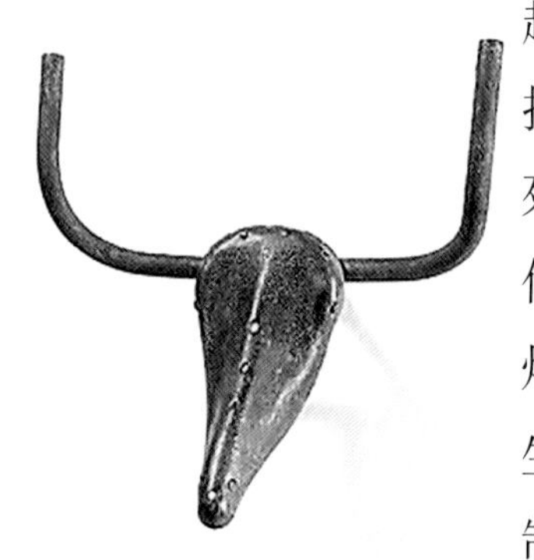

图4–1 公牛头

图4-2 无题（一）

图4-3 大头

德国沃尔夫·冈比尔名作《大头》(图4-3)，全部是用粗大废旧的机械管材和零材焊接而成，其上又涂有红色，给人一种神秘之感；瑞士牟勒则是把切割后的铁板涂上黑色装配成抽象的、有机的造型。

美国金属雕塑家斯坦基威善于在废弃的金属“垃圾”上寻找创作灵感，他将废弃金属上那黄褐色的斑斑锈迹呈现出一种新质感的美。阿纳尔多的作品多在抛光的柱体、立方体或圆球体的局部有意显露出组织复杂、凹凸多变的肌理变化，呈现出一种偶然与必然的对比之美。吉奥则是把自然起伏的金属表面抛光得如玻璃镜面一样光滑，受光影折照，变幻迷离，与其兄阿纳尔多富有男性化的作品相比，多了一些女性妩媚柔和之美。

被誉为“艺术革新者”的切撒认为，“破铜烂铁里隐藏着无比巨大的艺术发展潜力”，借助压缩机强大的机械力，把各种废旧汽车挤压组合成一个庞大的长方体，给人意想不到的视觉感受。同样对废旧汽车感兴趣的阿尔芒，把几十辆旧车叠罗汉一般用水泥浇铸成一个高18 m、宽6 m的立柱体，后因法院裁定这一立柱体不属于艺术品，而是建筑物，被限期拆除。阿尔芒的作品从一个侧面反映用废旧物

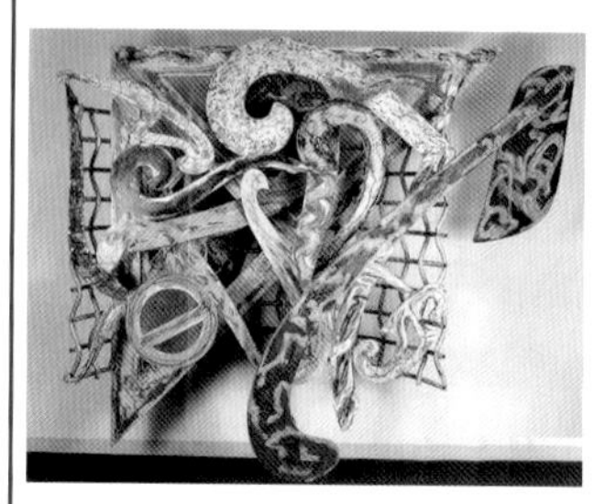

图4-4 无题（二）

图4-5 无题（三）

组合的集合艺术，艺术技巧要比别出心裁的构思和极富艺术性的创意逊色一筹。

然而，波普艺术、达达主义所倡导的“艺术回归日常生活，艺术的价值存在于日常物品之中”的精神，通过艺术语言“通俗化”地大量实践，既是对正统艺术定义的“修正”，也是对现代抽象艺术的“反叛”，从而将审美引向一个更为广阔的范畴，成为现代艺术中最具有革命性的成就之一。

毋庸置疑，金属配饰作为工业时代的象征之一，也是现代艺术发展历程中重要组成部分。金属配饰势必在新工艺、新材料、新观念的不断更新中持续发展。（图4–4、图4–5）

5
金属配饰制作工艺

金属配饰具有艺术与技术的双重属性，艺术性不是唯一的最终效果，技术既是效果的保证，同时作为一种美的因素蕴含在艺术效果之中。

金属配饰的美是一种材质的美、工艺的美、艺术的美，是三者高度和谐的结晶，哪一方面的缺憾都会直接影响艺术效果的完美性。倘若不懂金属配饰所特有的工艺程序和技术要求，所谓的设计只能是纸上谈兵；倘若只有金工技术而无艺术内涵，缺乏艺术魅力和美感的作品必流于“匠”“俗”之列。

5.1 设备及安全规范

一、设 备

1.手工工具：钢锯、不同型号的锤子、錾子、铁砧、木桩、沙袋（以上需要定制）、手工锯、锉刀、金属剪、台钳、不同型号的钳子、断线钳、铆枪等。

钢锯。钢锯是最基本、最可靠的切割工具，如果锯条合适，操作者的动作准确，切割效率会很高，而且因为是冷切割，所以能最大限度地保证不变形。

清理焊渣用的锤子。学生在操作中，对金属加工过程熟悉后，可根据雕塑形状的需要，自制一些小锤子，来清

理焊接产生的焊渣、夹渣。

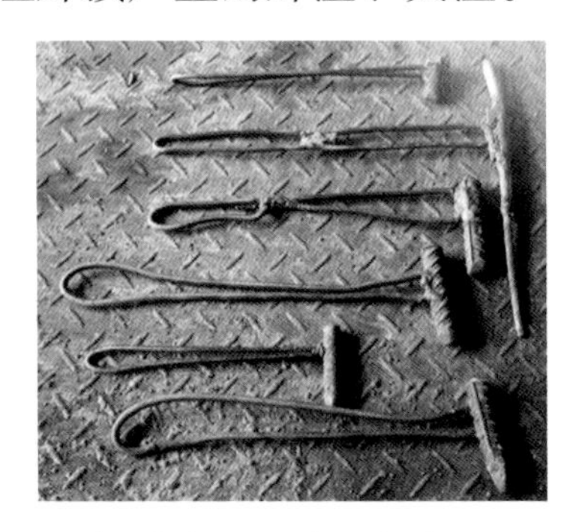

断线钳。利用杠杆原理的大、中、小型的断线钳，是剪断直径8毫米以下钢筋、铁丝等最直接、最方便的工具。

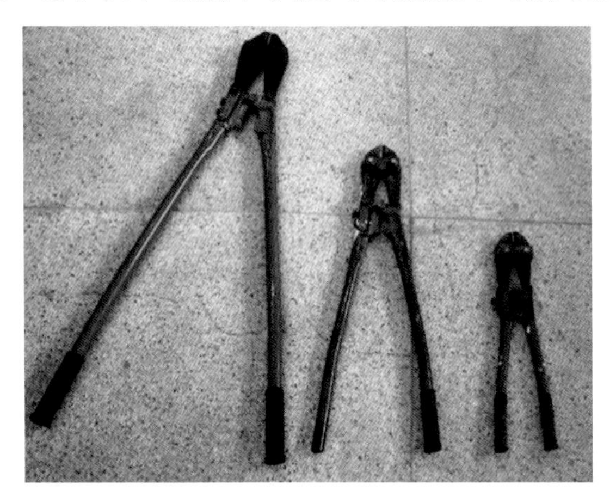

大力钳。在工件焊接前将两者固定的工具，这件工具在凌空焊接时是非常有用的。

钢锉。不同型号的钢锉，后期用来修造细部，因为是用手控制力度，所以有时候更为准确。

铁砧。标准和异型的两种铁砧在金属工作室的锻打操作中是必备的。

台钳。各种型号的台钳可以夹住不同形状和重量的工件，将其固定，以供锻打、打磨和抛光等操作。

2.电动工具：角磨机、直磨机、手电钻、台钻、切割机、砂轮切割机、立式砂轮机、车床、等离子切割机等。

氧乙炔切割系统。氧乙炔切割系统传统上叫作“气焊”。由氧气瓶、乙炔瓶、气表、气管和焊（割）炬组成，具有用途广泛、适应性强等特点，是最通用的气割工具。它适合切割5 mm以上、20 mm以下较厚的钢板，也可以在锻打等扳金操作时用于加热，但操作氧乙炔切割系统对操作者的技术和安全的要求较高。

等离子切割机。等离子切割机由切割机体、空压机、割炬等部分组成，在某些情况下是氧乙炔切割系统的替代品。对于切割厚度适中的钢材（0.5~8.0 mm），等离子切割机是最佳的选择，相对于较古老的氧乙炔切割系统，等离子切割机更安全方便、快捷、准确，可产生15 000~30 000℃的高温，可以熔化现有的任何金属材料。

砂轮切割机。操作方便的型材切割设备，可以自由调节切割角度，适合重复切割相同角度的物体，但噪声较大，需要佩戴耳罩操作。

电剪刀。用来切割厚度在1毫米以下的金属板材。因为是冷切割，所以被切割的材料不易变形，特别适合曲线切割，操作时需佩戴耳罩。

曲线锯。体积小，便于携带，操作简单，适合在较薄的板材上进行曲线形状切割。因为是冷切割，所以切割变形小，但切割太薄的板材需要支撑。

台式砂轮机。适合操作者手持零件，抵在砂轮上进行打磨和抛光。可以将砂轮机固定在工作台上，或者固定在台座上成为立式砂轮机。砂轮机操作简单，但转速一般较低，操作者应佩戴眼罩。

直磨机。适合操作者手持打磨固定的工件，因为细长的设计，并可以选择多种形状和质地的磨头，所以可以深入角落进行打磨和抛光，有固定速度和可变速的型号可供选择。另可配合钢丝轮做除锈和抛光操作。

角磨机。金属工作室最常用的打磨设备，一般根据磨片的直径，分为180 mm、150 mm、100 mm等几种常见的型号，操作者可以根据自身身体条件和不同的打磨对象选择。操作者操作时应佩戴耳罩、眼罩等护具，并注意火花飞溅的方向，确保安全。

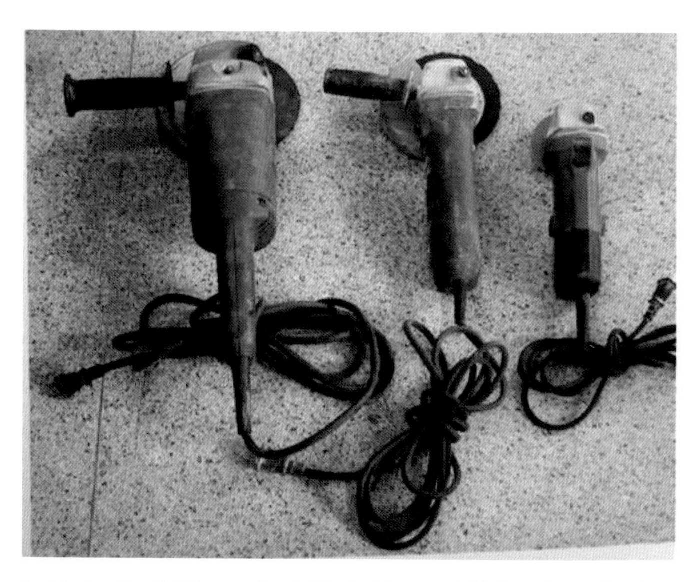

电钻与电改锥。对于较大的、不易挪动的作品，可以使用手持式电钻进行打孔作业，电钻的孔径一般在1 cm以下。当需要大量拧螺丝时，锂电池驱动的电改锥是非常实用的。

平面磨光机。平面磨光机是配合不同目数的砂纸使用，用来在平面上进行打磨的小型设备。因为是震动式的，所以打磨效率较低。

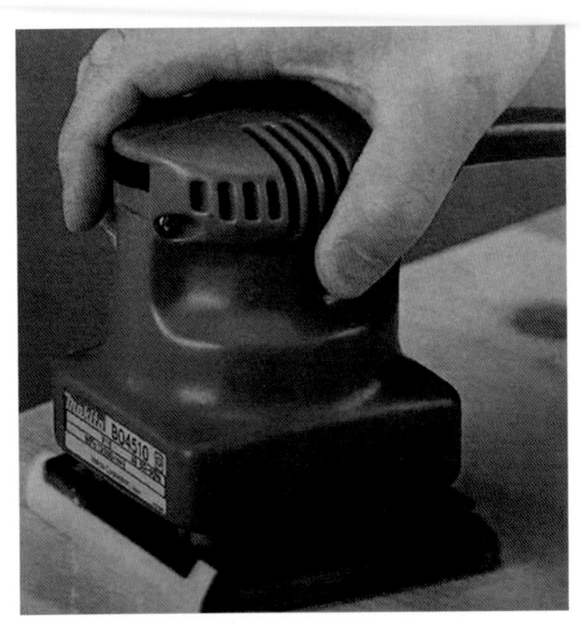

蛇皮钻。蛇皮钻是台式砂轮机的延展设备，因为驱动是通过管线传导，所以操作者握持的部分更加轻巧，便于打磨起伏较大的、其他工具不易达到的角落。但因为是砂轮机作为动力源，转速较慢，在钢铁的打磨操作中，效率较低。

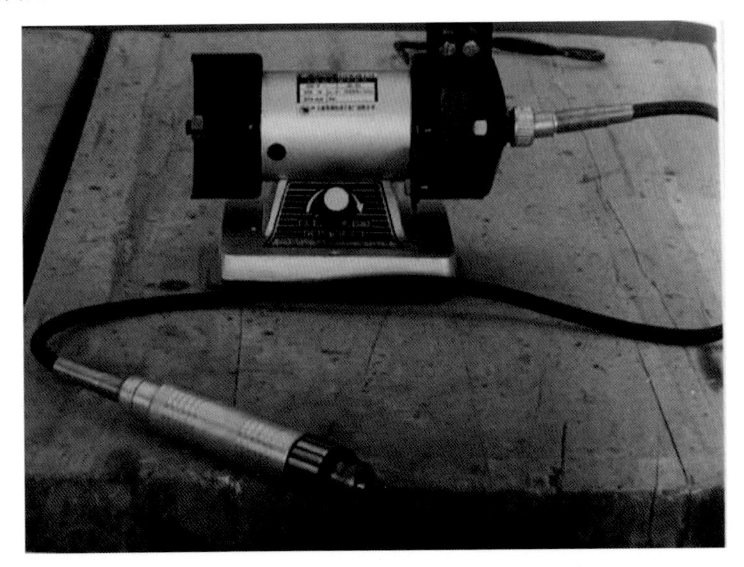

台钻。台钻是金属工作室必不可少的打孔设备，配以不同型号的钻头，可以为工件铆接、拧接做前期准备。

3.焊接设备：电焊机、氩弧焊机等。

小型直流焊机。最大工作电流180 A，适合5 mm以下较薄钢材的焊接。逆变式直流焊机焊接飞溅小，操作稳定性较好。它的优点是体积小、重量轻，易于携带，但机体防尘要求较高。

氩弧焊机。氩弧焊机是新型的气体保护焊机，由焊机、氩气瓶、气表和气管组成。惰性气体可以对焊接熔池起到保护作用，由于隔离了空气中的氧气，所以有效地防止了飞溅，增加了焊接的稳定性，从而提高焊接质量，适合不锈钢焊接。但弧光辐射较大，焊接操作时要注意自身的防护。

钎焊喷枪。一种以丁烷（打火机里的物质）气体为燃料的小型喷枪，火焰的温度和强度都可以调节。因为携带方便，因此可以在许多场合使用。配合锡焊丝使用，是焊接小金属单元的较好选择。但因为受温度的限制，只能做小片的薄金属钎焊，而且对焊接表面的清洁度要求较高。

4.加热设备：煤气管道及火头、加热架、耐火砖、喷火枪等。

5.防护设备：焊接面罩、眼镜、口罩、手套等。

工作服、工作鞋和工作手套。工作服应该是纯棉质地的，最好有防火隔热功能。工作鞋应该是皮面胶底，最好是高筒，防止焊接时火星进入。手套应是皮质的，焊接手套长度应该足以保护手腕不被焊接弧光照射到，还应该厚薄适中，足以起到保护作用，同时保证操作者的手感适宜。

护具。面罩可以保护整个脸部，在打磨操作时很有用。耳罩可以过滤掉80%的噪声，长时间操作时非常必要。防护眼镜应该用抗冲击的树脂镜片。防尘面具在打磨和除锈时应该佩戴，其带子可以调节。

自动焊帽。焊接的强光通过安装在焊帽前方的感光孔，触发变光电路，使玻璃瞬间自动变暗，起到保护操作者眼睛的目的。自动焊帽在需要双手操作焊接时非常有用。

6.其他工具：液压叉车、裁扳机、折弯机、激光精确切割机、景泰蓝烤炉、锻压机床等，这些工具可完成大型金属雕塑制作。耗材：焊条、钻头、切割片、铆钉、各种配

件、化学药品等。

弯管机。用来弯曲线材，特别是在不必做填充的情况下，平滑地弯曲管子。操作时需要遵照核定负荷，多次弯曲，并注意操作安全。

以上设备在实验室配合使用，可以满足各种金属材料的加工需要。（操作时应佩戴相应护具）

操作者熟练地掌握各种金属加工工具的使用方法，可以有效地提高工作效率，使金属材料的特性得到最大程度的发挥，拓展金属的表现力。

二、安全规范

1.个人安全操作规范。

（1）操作前佩戴好防护设备。

（2）盘发或短发，不要穿过于宽松的衣服。

（3）集中注意力，操作前检查是否有安全隐患，用完工具放回原位。

（4）注意用火用电安全，人离火灭、灯灭。

（5）离开前确认水、电、气处于关闭状态。

（6）划分区域，焊接区和加热区要严格分开，燃气钢瓶与焊接设备距离5米以上。

2.金属工作室安全操作规定。

金属工作室里的设备多是工作于高温、高压环境及高速状态，因此操作时要严格遵守安全规定，这关系到自身和他人的安全。遵守设备的安全操作规程，是设备正常运行、提高工作效率的重要保障。

要牢记操作者的安全是最重要的，金属工作室的所有电（气）动工具及设备，均应在授课教师或实验师指导下使用。严禁私自改装、拆卸设备及电气线路，以免发生危险。遇到有人触电时，切勿直接用手去拉触电者，应迅速切断电源，进行抢救。工作时，应佩戴防护用具，每天工作完毕后，应将自己当天的工作区域清理干净。

3.动力工具安全操作规程。

（1）在使用动力工具之前，要确认它运转良好，砂轮或者钻头已经拧紧，防护装置齐全，线路无破损。

（2）确定要加工的型材被稳定地固定好。

（3）确认个人安全防护措施已经到位。

（4）确认周围没有过量废料阻碍工具的使用。

（5）当开启动力工具时，应集中精力并立即开始工作。

（6）角磨机等高速动力工具，应双手持握，以防动力工具因打磨角度不正确，突然震动而脱手。

（7）操作动力工具时应该紧握，并依靠机器自重平稳施压，不要因过度用力，而烧毁电机，发生危险。

（8）操作角磨机等工具打磨时，注意火花飞溅的方向，不要影响到他人。

（9）操作完成后进行下一项不同的操作时，应关掉工具电源开关。如果你准备离开工作现场，即便是几分钟，也要将便携式工具从其动力源上断开。

4.焊接设备安全操作规程。

（1）设备电缆线应绝缘良好，无破皮、开裂等可能的漏电隐患。

（2）焊接设备的安装、维修、检查必须由专业电工进行，不得自行处理。

（3）在金属工作室总电源开启的情况下，开启焊机设备的顺序应该是配电箱总电源、配电箱焊机电源、焊机开关。关闭焊机的顺序正好相反。

（4）焊接之前，一定要先开启顶部排风口，以防烟尘污染。

（5）焊接操作时，必须佩戴电焊面罩、皮质手套、纯棉工作服、胶底工作鞋等。

（6）焊接时应将焊机的负极（地线）牢固地夹在工件上，防止因接触不良打火而发生火灾，在完成焊接时，正极（焊把）应放（搭）在绝缘的木工作台上，防止与通电金属接触而打火，导致意外短路。

5.等离子切割设备安全操作规程。

“焊接设备安全操作规程”同样适用于等离子切割设备，另外还要注意以下几点：

（1）等离子切割机及气泵需要配合使用，所以每次进行切割前，要确认气泵电源已经开启，并可提供足够的气压，以供气割。

（2）等离子割炬属于易损零件，所以要轻拿轻放，以防瓷罩破碎。

（3）切割时，确保工件被良好支撑，并有足够的空间排渣。

（4）金属工作室的等离子切割机属于中型机，不宜切割厚度超过1厘米的工件，否则容易因切割不透而回火，引起烧伤或损坏设备。

6.氧乙炔切割系统安全操作规程。

金属工作室的氧乙炔切割系统的安装使用，必须在专业人士指导下进行。

（1）气瓶。

① 不得靠近热源，不要曝晒。氧气瓶、乙炔瓶与明火距离不小于10 m，否则须有可靠的防护措施。

② 气瓶附近严禁打磨作业。

③ 瓶体要装有防震胶圈，不应使气瓶跌落或受到撞击，瓶端要装有安全帽。

④ 打开阀门时不宜操作过快，阀门旋钮旋转角度也不宜过大，半圈以内即可。

⑤ 气瓶内气体不可全部用尽，应留有余压。

⑥ 氧气瓶严禁沾染油脂，确认乙炔瓶安装了回火保护器。

⑦ 乙炔瓶只能直立，不能卧放，以防丙酮流出，引起燃烧或爆炸。

⑧ 操作完毕后，应及时关闭气瓶。

（2）焊炬。

① 射吸式焊炬在接通乙炔胶管之前，应事先试验焊炬的乙炔射吸能力，当试验正常时方可使用。

② 焊炬用氧气胶管为红色，乙炔胶管为黑色，两种胶管不能互相换用或代用。

③ 严防焊炬与乙炔胶管连接处漏气，以防发生烧伤及其他事故。

④ 氧气胶管内外严禁接触油脂。

⑤ 焊炬使用中防止过分受热，当发生回火时，应迅速关闭氧气阀门，然后再关闭乙炔阀门。

⑥ 乙炔胶管在使用中破裂或着火时应迅速折起前一段胶管，将其熄灭。氧气胶管着火时应迅速关闭氧气阀门，

禁止用折胶管的办法来熄灭氧气火焰。

⑦ 要知道紧急电话号码以及救援用品箱、灭火器等的摆放位置。

5.2 金属配饰制作工艺

金属配饰制作工艺一般可分为成型工艺（切割、铸造、锻造、焊接等）和表面处理工艺。

一、成型工艺

1. 切割。

金属材料的切割，主要有机械切割和熔化切割两种方式，见表5-1。主要工具有手工锯、金属剪刀、电剪刀等。（图5-1至图5-9）

图5-1 钢锯

图5-2 铁锤

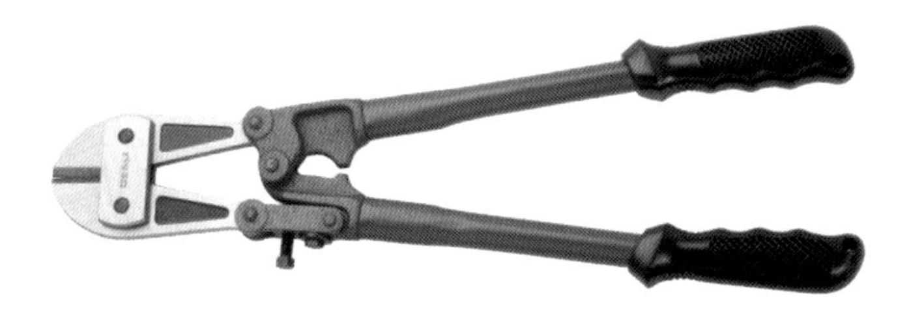

图5-3 断线钳

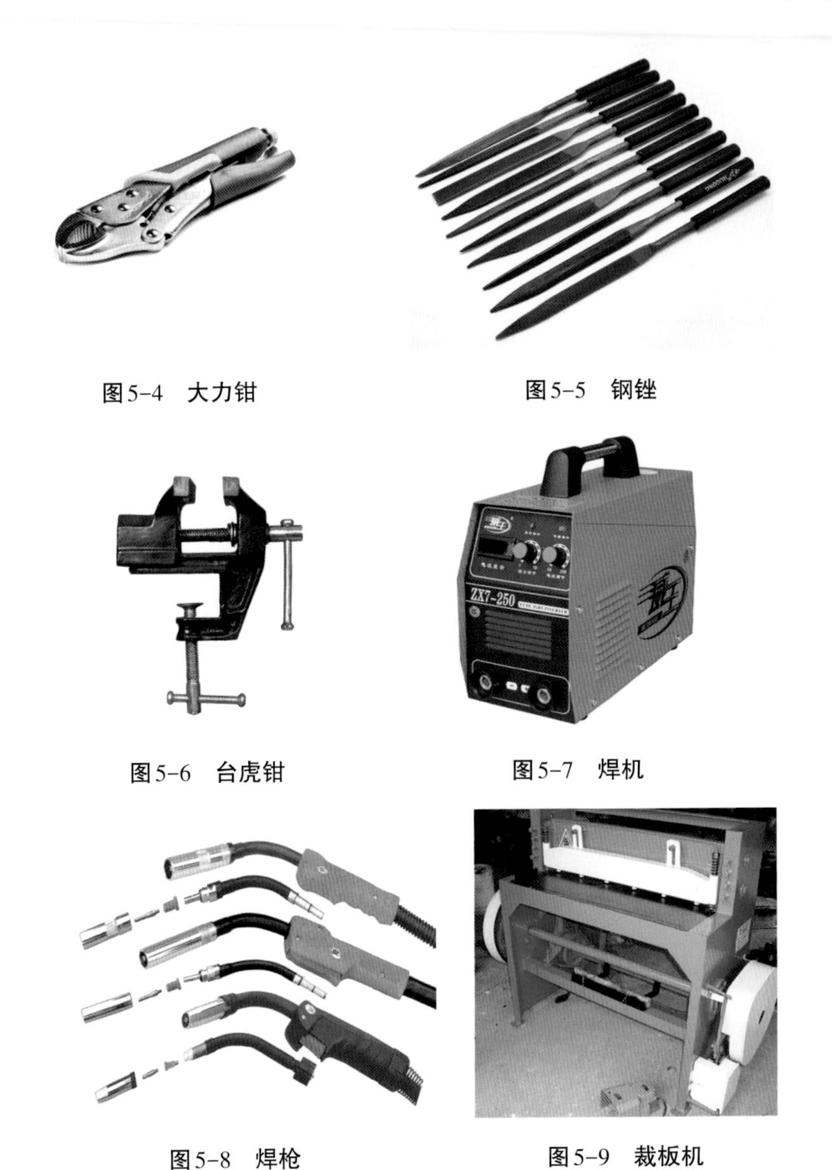

图5-4　大力钳

图5-5　钢锉

图5-6　台虎钳

图5-7　焊机

图5-8　焊枪

图5-9　裁板机

等离子切割通常用于切割较厚的金属板，它可以实现任意曲线和直线的切割。氩弧焊机可以用于薄金属板的切割。

表5-1 机械切割与熔化切割

类别	切割方式	适合金属类别	金属规格类别	最大切割厚度	切割轨迹
机械切割	刃口挤压	各种金属	丝、棒	视金属硬度与刃口厚度而定	—
	锯齿切削	铜、铝、碳素钢、铁	板材、型材	视锯齿大小、锯弓尺寸而定	直线
	刃口剪切	铜、铝、薄铁皮	板材	铜(2 mm) 铁(1.2 mm)	直线、弧线
	刃口剪切	铜、铝、薄铁皮	板材	铜(1.5 mm)	直线、曲线
	锤打錾断	铜、铝、薄铁皮	板材	铜(2 mm)	直线
	切割片磨切	各种金属	型材	管(Φ100 mm) 棒(Φ50 mm)	—
	切割片磨切	各种金属	板材、型材	铜(15 mm) 铁(8 mm)	直线、大曲线
	锯齿切削	铜、铝、铁	板材	铜(3 mm) 铁(1.5 mm)	直线、较自由曲线
熔化切割	熔化金属	铜、铁、不锈钢	板材	铜(3 mm) 铁(16 mm)	任意曲线
	熔化金属	铁、钢	板材	铁(10~60 mm)	直线、曲线
	熔化金属	基本各种金属	板材	视具体技术参数	精确造型切割

2. 铸造。

中国最古老的铸造工艺是陶范铸造。商周时期，有分范合铸法，后用铁范代替陶范，产量大大提高。为铸造造型复杂的器物，又发明了失蜡铸法、砂铸法。经过几千年传承和改进，成为今天常用的熔模铸法，又称精密铸造法。精密铸造法是用易熔、易燃的蜡制型，再在其上涂覆耐火材料并撒砂，反复多次，干燥后硬化成一个壳层，经过高温焙烧把其中蜡型熔掉，壳层得以硬化，再把坩埚里熔炼好的铜水浇入其中，冷凝后打掉耐火材料即得到设计的造型。

随着科学技术的发展，出现了电铸或电解铜。这一方法和电镀的方法相近，电镀是在金属制品表面镀上一层有光泽的保护膜，起到美观和保护的作用。电铸则是在凹下的浮雕反模上（或修好的原型上）通过化学反应铸上比较厚的一层金属，形成浮雕或圆雕作品。这种方法在19世纪早期曾受到装饰艺术家的青睐，至今仍然在小型饰物和浮雕制作工艺上使用。

（1）熔模铸造（精密铸造）工艺流程。

① 模具设计、模型制造（图5–10）；

② 蜡模制作（图5–11）；

③ 蜡模修整、检验［图5–12（1）］；

④ 蜡模组树［图5–12（2）］；

⑤ 制壳（先沾浆、淋沙、再沾浆、干燥）、涂挂耐火材料，壳模干燥（图5–13）；

⑥ 壳模脱蜡（图5–14）；

⑦ 壳模烧结（图5–15）；

⑧ 配料熔炼浇注（图5–16）；

⑨ 控制冷却（图5–17）；

⑩ 振动去壳（图5–18）；

⑪ 清理与修整（图5–19）。

图5-10 模具设计、模型制造

图5-11 蜡模制作

图5-12（1） 蜡模修整、检验

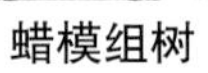

图5-12（2） 蜡模组树

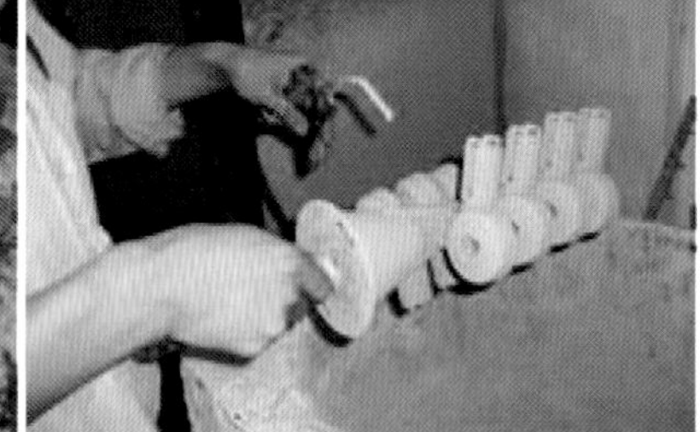

图5-13（1） 制壳、涂挂耐火壳材料

图5-13（2） 壳模干燥

图5-14 壳模脱蜡

图5-15 壳模烧结

图5-16 配料熔炼浇注

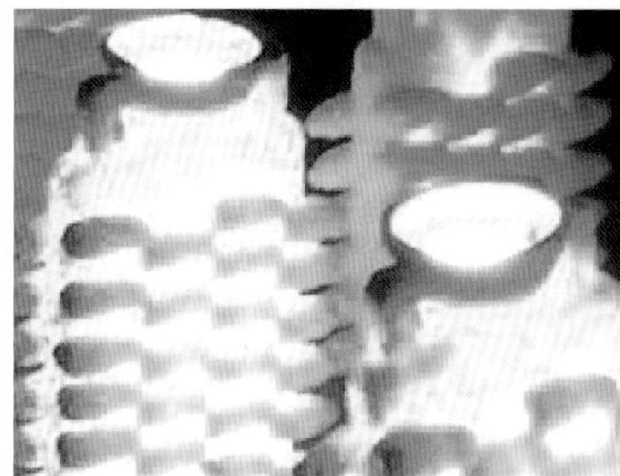

图5-17 控制冷却

图5-18 振动去壳

图5-19（1） 切割浇口

图5-19（2） 抛丸清理

图5-19（3） 整形处理

（2）电铸（电解铜）工艺流程——以石膏模为例。

① 设计浮雕或圆雕，浮雕翻制成石膏凹模；

② 石膏凹模中涂导电的铜粉及连接导电丝；

③ 把石膏凹模放入导电液中3~4天或更长时间（注：导电液为硫酸铜、硫酸和水混合而成）；

④ 打碎石膏凹模得以金属凸模，圆雕即把石膏原型模保存在其内。

⑤ 修改做色。

3.锻造。

锻造，一般指的是机器冲压成型工艺，而本书论述的是纯手工操作的锻打成型工艺，是根据古老的錾刻工艺发展而来的一门新工艺。该工艺是用锤子锤打金、银、铜、不锈钢等金属材料，用錾子在金属板上錾出各种凹凸不平的浮雕效果，也可再焊接成立体的造型。从大的雕塑造型到小的饰物，无论是浮雕还是圆雕、写实或抽象都可以用此工艺达到理想的效果。在锻打过程中产生的不可复制的丰富肌理，更增添了作品的手工之美。这种带有浓厚手工之美的工艺方法近年来颇受国内外艺术家的喜爱，使这一古老的工艺技术焕发了新的生命。

锻造工艺过程——以紫铜浮雕为例。

（1）铜板过火后，把设计好的图画在复印纸上，之后錾刻出线条定型（图5–20）；

（2）在沙袋上用锤子和錾子锻造出凹凸起伏（图5–21）；

（3）在胶板上做精细刻画（图5–22）；

（4）整理轮廓边缘和肌理，做最后调整或做色（图5–23、图5–24）。

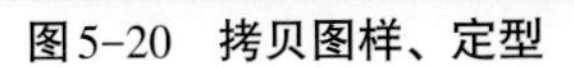

图5-20 拷贝图样、定型

图5-21 在沙袋上做大的起伏形

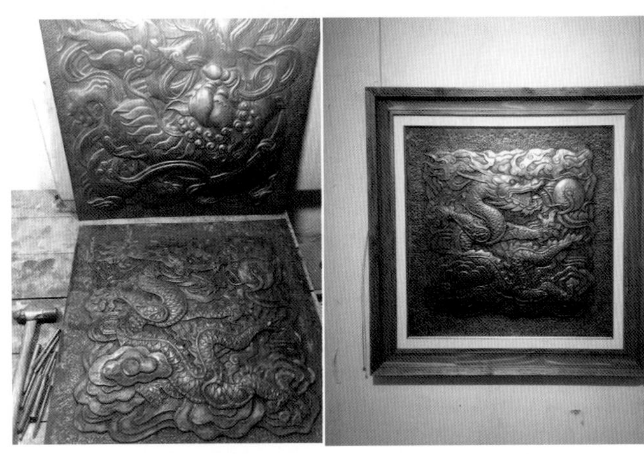

图5-22 在胶板上做精细刻画

图5-23 初步成品图

图5-24 最后整理及成品图

4.焊接。

焊接是充分利用金属材料在高温下易熔化的特性，使金属与金属相互连接的一种工艺。操作过程比较简便，根据不同的合金材料和焊件的大小，选择相应的金属焊条，加焊药，用焊枪高温熔化金属焊接点，即使其牢固地连接起来，然后再把焊缝锉平、抛光，达到天衣无缝、浑然一体的效果。

焊接一般可以归纳为三类：熔焊、压焊、钎焊。熔焊是应用最广泛的焊接方法，焊接方法主要以热源的种类命名，如气焊、电焊等。火焰焊接利用可燃气体火焰焊接金属，加热区域大，焊接效率低。电焊是在焊条与工件之间产生强烈、持久又稳定的气体放电现象。一般是先将焊条与工件接触，在电路闭合的瞬间，强大的电流经过焊条与焊件连接点，在此处产生巨大的热量将焊条与工件表面加热到熔化，然后迅速将焊条拉开一定距离，当两个电极脱离瞬间，形成电弧。

氩弧焊可焊接多种金属，操作方便、使用安全，成为金属艺术工作室不可或缺的设备。氩弧焊是以氩气作为保护气体的气体保护电弧焊。氩气是一种惰性气体，高温下它不与金属或其他元素发生化学反应，也不溶于金属，因此，焊接的质量高。艺术创作常用的焊接技术如表5-2所示。

表5-2　火焰熔焊与电弧熔焊

类别	焊接设备	适合金属	焊接温度/℃
火焰熔焊	煤气或天然气焊	小型银、铜配饰	800
	氧气乙炔焊	钢材、铜	3 000
电弧熔焊	手工焊	钢铁	1 750
	氩弧焊	不锈钢、铜、铝	2 000左右
	点焊机	钢铁、铜	瞬间高温

焊接时应注意：

（1）焊接处保持清洁；

（2）焊口对齐无缝隙，先焊接几个点，再整体焊接，较薄的板要跳跃式焊接，防止热力变形；

（3）焊条粗细要合适；

（4）焊接厚薄不等的板时，电弧要偏向厚的一方；

（5）除去焊渣，补焊漏焊处。

在金属配饰中，焊接的使用非常广泛，各种复杂的造型均可通过焊接来完成。与铸造锻造工艺相比，焊接减少了复杂的工艺程序，成型容易，一焊即成。因此，这一古老的金工技艺备受现代艺术家的青睐，成为直接进行艺术创作的重要手段，有力地促进了现代金属艺术的迅速发展。从某种意义上来说，“现成品艺术”或“装置艺术”的出现和流行，是焊接工艺直接催生的结果。艺术家的艺术灵感，与焊接的火花相碰撞，以最快捷的方式，将构思、技巧与最终的艺术效果同步完成。焊接成为艺术家倾泻情感、表达观念、实现造型的手段。同时，焊接亦是一种艺术的表现手法。焊接后锉平、抛光的过程是一种工艺美，焊条在焊接过程中停留的时间长短可形成不同的焊接肌理，有意保留焊接的天然痕迹，能产生奇特的肌理效果，提升了作品的艺术表现力。韩国艺术家丁炫道创作的金属雕塑，在作品表面有意保留了大面积的焊接肌理，成为他个人作品的显著特征。

铆接不需要高温熔化，只需要钻枪、铆钉即可使金属物与金属物连接成一体，方法是先用钻枪打孔，再用铆钉或螺丝钉将金属物紧紧连接成一体。这在现代框架结构的桥梁、建筑等工程上使用非常广泛。现代艺术家成功地应用铆接工艺，使之成为艺术创作中十分有效的手段之一。铆接的螺母有规律地整齐排列，形成一种韵律美，弥补了钢铁板材所带来的生硬与冷漠，使作品具有了现代感和生命力。

编织工艺是利用条状物或金属丝，依照一定的设计原则，交叉排列成型的制作工艺。（图5-25、5-26）

二、表面处理工艺

1. 锤痕锻痕方式。

利用不同形状的钢錾子，通过锤打制造出变化丰富的肌理效果，使得作品富有鲜明的手工艺感和人情味。

2. 打磨、抛光。

利用角磨机、抛光机和各种型号硬质砂轮片或砂布片在金属表面磨出任意的花纹或肌理，是一种装饰性的工艺。打磨、抛光是金属加工的基本工序，其目的是除锈、打磨焊缝、去除瑕疵或者使金属表面光滑。抛光分为粗抛硬轮、中抛软轮、精抛软抛光轮。被誉为美国焊接雕塑系主任的戴维·史密斯是直接金属雕塑的重要艺术家，他的作品大量运用打磨方式制造肌理，电动打磨机在他手中成为了画笔，卷曲缠绕的肌理花纹在雕塑表面颤动，赋予金属材质以生动活泼的肌理效果，强烈的视觉冲击力令人印象深刻。

图5-25 机器狗

3. 焊接肌理及切割肌理。

利用焊接留下的自然焊痕作肌理，也可用钢錾刀和首饰锯镂空银、铜等软金属，铁和不锈钢可以利用等离子切割机完成任意形状的镂空，为作品增加通透的灵性。

图5-26 心

4. 喷涂。

美国著名雕塑家亚历山大·考尔德和戴维·史密斯等人经常在他们的巨型钢结构雕塑作品表面涂以鲜艳的色彩，突出雕塑在环境中的视觉中心地位。如斯图加特火车站南侧的繁华大街布置了很多公共设施，从中间穿过的凯尼西大街上放置着考尔德的《活动雕塑》，这个雕塑的特点是基座完全是由曲折的三角形构成，并分别涂以红、黄、黑等颜色，随着观看角度的不同会产生不同的视觉效果。作者巧妙地运用颜色给人的视觉感受。红色、黄色给人活泼、生动的效果，穿插黑色作为基座会使人感觉到沉稳。金属片造型是圆形或不规则形，上面敷以红色，金属片由金属杆与轴连接，会随着风不停地移动，造成一种“有组织的反复无常”。作品的尺度及开放性将观众带入一个色彩与空间的世界。（图5-27）

图5-27　活动雕塑

5.注意点。

（1）肌理的施加部位及面积；

（2）肌理的具体形式和工艺；

（3）肌理的主次关系，对重要部位的肌理要重点表现；

（4）肌理效果与其他表面处理的结合。

5.3　芜湖铁画与工匠精神

芜湖铁画是我国传统手工艺品的杰出代表，展现了中华民族千锤百炼、刚正不阿的精神内涵。芜湖铁画发展至今离不开一代代铁画工匠追求卓越的理念，离不开他们对产品品质的坚守，这是芜湖铁画发展中核心竞争力所在，也是当代铁画工匠和铁画企业亟须弘扬之处。学界关于芜湖铁画的研究主要集中在铁画历史、铁画工匠、工艺特色等方面，部分成果涉及铁画设计创新、产业转型、产业开发、文化与市场结合等铁画传承与发展问题。这里从工匠精神入手，探讨芜湖铁画工艺传承及提升软实力的根本问题。

一、芜湖铁画发展中的工匠代表

铁画，亦称铁花，是安徽芜湖地区特产，为中国颇具民族风格的工艺品之一。芜湖濒临长江，交通便利，自古以来冶铁业十分发达，有“铁到芜湖自成钢”之说。发达的冶铁业和高超的锻技，为芜湖铁画的创作提供了得天独厚的基础和条件。清朝康熙年间，芜湖铁工汤天池在芜湖画家萧尺木的指点下，以创造性的思维创造了铁画艺术，至今已有340多年历史。艺人们以铁为墨，以砧为砚，以锤代笔锻制成画。在实际生产过程中，以低碳钢为原料，艺人们依据画稿，取铁入炉，经过锻打、焊接、修整、烘漆等工序，将铁片和铁线锻打、焊接而成铁画。融剪纸、镶嵌、錾刻等工艺于一体，采用传统中国画和书法的审美法则，布局章法黑白相照，虚实相生，不但有中国画的笔墨韵味，还具有金属特有的肌理美和立体效果，别有一番情趣，世称“铁打丹青”。2005年，芜湖铁画被确定为国家级非物质文化遗产。芜湖铁画发展至今，工匠艺人贡献居功至伟，其中突出者如汤鹏、梁应达、了尘和尚、储氏父女等。

从现有资料来看，公认的铁画艺术创始人为铁匠艺人汤天池，又名汤鹏，字天池，江苏省溧水县明觉乡人。幼年为避兵祸，随父逃荒流落到冶铁之乡芜湖。根据清朝乾隆年间的进士黄钺所作的《汤鹏铁画歌》记载，汤鹏通过努力，学到铁匠手艺后，就租赁了黄钺曾祖父的临街门面，开了一个打铁作坊。其铁匠铺“与萧尺木为邻，尝辍业观萧作画”，汤鹏几乎“日窥其泼墨势”，对萧云从的绘技得之于心，形之于画，“冶之使薄，且缕析之，以意屈伸”，融汇笔墨艺事于炉锤焊接之中，“为山水，为竹石，为败荷，为衰柳，为蜩螗，郭索点缀位置，一如丹青家，而无襞积皴昔皮之迹”，一举创造了“前代未有”的铁画。汤鹏创造这个以锤当笔、以砧为砚，赋予顽铁以生命力的铁画后，在社会上引起很大反响，“四方多购之，以为斋壁雅玩”，而且“名噪公卿间”。铁画独特的艺术特点瞬间受到了上层知识分子的追捧，社会高度称赞铁画创始人汤鹏和铁画作品，称汤鹏“炉锤之巧，前代所未有”“兰竹草虫，无不入妙”，锻制铁画“匠心独出”，是“铁冶施神工”。

《清朝艺苑》中载：汤鹏“锻铁作草虫花竹及山水屏幅，精妙不减名家图画”“铿铮屈曲，遂成绝艺”。该书《铁画之异闻》一文又说汤鹏“随物赋形，无不如意”。黄钺《壹斋集》之《卓观斋胜录》一文中说汤鹏铁画“鬼斧神工，叹为观止”。芜湖铁画产生的根本原因首先是锻铁生产力的提高，其次是工匠对于精益求精、追求卓越的精神文化价值观的坚守。

汤天池之后，梁在邦对铁画艺术发展起到了重要作用。据《建德县志》记载，“梁应达，字在邦，性聪颖多才，能善诗画，艰于进取，乃弃旧业。居与铁工邻，因寄技于铁以自娱，凡画工之所不能传者，皆能以铁传之。年八十卒，技遂失传。”梁在邦对铁画发展的贡献是突出的，他将芜湖铁画艺术向前推进了一大步，使其技艺走向成熟。嘉庆年间，具有绘画才能的了尘和尚对铁画技艺的传承也起到了很大的作用。汤天池去世后，了尘和尚在自己的寺庙专门请了几个铁匠艺人来锻打自己的画稿，因为了尘和尚在与汤天池的交往中，仔细观看过锻打过程，所以此时他便充当了“艺术顾问”的角色。其中，沈德金父子的锻造技艺获得了广泛赞誉，并在不断摸索和总结中掌握了一套更加成熟的技艺，他们的店铺就叫芜湖沈义兴铁匠铺子。沈家父子之后，出现了一位承上启下的铁画传承人储炎庆。早年，储炎庆在沈家铁铺学艺，凭借自身的天赋和刻苦钻研的精神，逐渐掌握了铁画锻造技艺的要领。1956年，芜湖市成立芜湖工艺美术厂，储炎庆带领弟子（这些弟子后来大部分成为铁画杰出工匠，如储春旺、杨光辉、张良华、张德才、颜昌贵、吴智祥）发展铁画工艺。储炎庆师徒为了提高铁画的审美品位，与传统中国画更好地结合，邀请了安徽师范大学艺术系王石岑和宋肖虎两位画家担任艺术指导，这让铁画作品的艺术性有了进一步提高。储炎庆之女储金霞是芜湖铁画第五代传人。她自幼受其父的熏陶，刻苦学习铁画技艺，打破了铁画技艺传男不传女的习俗。她不仅继承了父亲的精湛技艺，并将储氏铁画发扬光大，她对淬火和锻造折叠工艺的创新使用，极大地丰富了铁画创作手法。出于对芜湖铁画的高度热爱和对铁画艺术传承保护的高度责任感，她先后筹资成立了铁画研究所、储氏铁画工艺厂、储氏铁画工艺品销售中心，教授和宣传铁画艺术，为提高芜湖铁画的影响力做了大量工作。她通过不懈摸索，在铁画题材和内容上进行了大胆的创新，让芜湖铁画的发展有了更广阔的空间。

二、芜湖铁画工匠精神的表现

芜湖铁画艺术是在一代一代铁画工匠的不断探索和总结中逐渐完善和成熟的。芜湖铁画锻造技艺实践和铁画工艺品的呈现，充分展现了铁画工匠独特的精神内涵，主要表现在：

首先，核心在于对手工艺术的信仰与执着追求。清代前期，汤天池以一个铁匠的身份，运用锻铁的技艺，结合中国绘画的基本原理，创作出了前所未有的铁画艺术，一时名噪公卿，这是铁画发展历史上的第一个高峰。新中国成立之后，储炎庆大师身负重任，存亡继绝，恢复铁画生产，创造出以“迎客松”题材为代表的一批铁画，又培养了以八大弟子为代表的一批人才，是铁画发展史上的第二个高峰。改革开放以来，芜湖铁画被国务院列入首批国家级非物质文化遗产名录。杨光辉、张家康、储金霞等人先后被授予“工艺美术大师”称号，储金霞还对铁画锻造技艺不断进行了改进和创新，创制出能表现传统中国画中墨分五色的新型铁画，这是铁画发展史的第三个高峰。每个高峰都取得了推陈出新的重大成就。若没有艺术家潜心创作乃至跨界融合，芜湖铁画艺术便不会有如此的生机与活力。

其次，面临困境，积极寻求艺术创新。创新是铁画艺术产生和发展的生命源泉。没有一代一代铁画匠人的不断创新，就没有铁画艺术的完善和发展。历史发展经验证明，铁画艺术只有在不断探索创新中才能永葆艺术生命力。铁画产生之初的冶铁作画，制作流程没有统一，工艺较简单，那时候不上底、不装框，画面以平面居多，甚至烘漆方法也不成熟，只能对其做简单的防锈处理。但是，经过几代铁画匠人的不懈努力和完善，现在铁画制作工艺不管是从流程上还是方法上都渐趋规范、完整，并且形成了一套科学的工艺流程。铁画工艺流程可以归纳为选料、锻打（冷锻和红锻）、接火（红接、嵌接和铆合）、整形、淬火、烘漆、上底、装框等环节。铁画创作的题材，原先是以花鸟鱼虫居多，逐渐拓展到山水人物，题材不断丰富和发展；铁画的形制，从以平面为主，发展到半立体及至全立体的形态，更加契合了现代人的审美需求；铁画的色调，由原先的墨黑，逐渐产生了银色、铜色、金色、彩色的构件；铁画的原料，由以铁为主逐渐发展到金、银和铜；铁画的装框，由木框发展到瓷盘等。芜湖铁画艺术的发展正是铁画匠人不断辛勤努力探索的结果，不仅显现了铁画活跃的艺术魅力，也将铁画匠人的精神和文化融入铁画作品中，使其生生不息。

再次，艺术家的相互尊重和包容，不同艺术间的学习和融合，是铁画产生和发展的坚实基础。萧云从是新安画派的典型代表，正是新安画派的艺术风格、情趣赋予了铁画独特的神韵和风格，而铁画以铁的特质随物赋形，又得益于汤天池的锻铁技艺，使铁画的线条轮廓吸收了剪纸、雕塑、雕刻等艺术元素，化而为一，融合包容，形成“铁为肌骨画为魂”的艺术奇葩。芜湖铁画艺术的产生，是艺术与技术融合的完美体现。

最后，注重艺术人才的培养是铁画艺术传承与不断创新的关键。铁画的创作需要一定的物质基础条件，但铁画人才的培养和储备，对于铁画的传承和发展意义更加重大。从铁画发展史的正反两个方面来看，传承人的问题教训深刻。据史料记载，当年汤天池“殁后，其法不传，或有仿之者，工拙悬殊矣”。储炎庆大师培养的八大弟子为代表的一批人才，其中几位成为当代工艺美术大师，他们创作出不少独特超群的精品力作，使铁画得到发展。储炎庆、储金霞父女薪火相传，更是成为艺坛佳话。人才，是传承各项事业的首要条件。

三、弘扬工匠精神，促进芜湖铁画软实力提升

当前芜湖铁画发展面临着产品创新少，从业人员日减，品牌价值下滑等问题，铁画行业面临生存危机。

1.弘扬工匠精神，打造企业核心文化。

培育工匠从业信仰，弘扬工匠精神，是促进芜湖铁画技艺发展转变的根本。不能仅把铁画生产当作获取经济利益的手段，更应该树立一种对铁画艺术的执着追求，对铁画产品精雕细琢、精益求精。

因此，铁画企业应当重视工匠精神在企业生产中的巨大作用，从物质、精神和制度上塑造芜湖铁画企业文化，建立坚守品质、追求卓越的企业精神与管理理念，形成员工共同的价值观，从根本上促进企业长远的发展。

2.坚守品质至上，打造铁画特色品牌。

作为安徽省第一批国家级非物质文化遗产的代表，芜湖铁画在产生之初就具有较高的知名度和美誉度。新中国成立后，芜湖铁画深得党和国家领导人的赞许和关爱，芜湖本土铁画企业要充分发掘芜湖铁画特有的文化内涵和文化品格，把握目标受众的审美需求，充分传递自身产品与

品牌文化的关联性，建立具有较高知名度的本土品牌。首先，芜湖铁画作为一项工艺美术品，其中包含的传统文化和艺术形式，注定了铁画是一项极具市场价值的艺术品。要根据现代艺术品市场的投资倾向和需求，加强对铁画艺术品的开发力度，生产适合艺术品投资需求的珍品，提升产品核心竞争力。其次，铁画企业要加强与专业协会、学术机构和市场的沟通，在产品设计和创意、原材料生产和加工、包装和服务等方面要有所突破。再次，要充分利用其他产业发展的优势展现铁画艺术的魅力，主要以影视、出版、动漫等形式，开展铁文化创意作品的创作、生产；以铁文化展馆为核心构建休闲文化娱乐活动中心和铁画创作生产体验中心；以旅游服务为核心打造铁文化生态旅游线路；以铁文化为创意视角，提供广告制作、艺术设计等服务；以网络营销为核心构建铁画网络营销服务平台。最后，要从芜湖本土铁画企业和铁画市场的实际情况出发，充分利用现有的资源和优势，建立铁画博物馆，展示芜湖铁画产生的源头和发展历史，进一步保护和弘扬铁画艺术，积极参加国际性的工艺品展览会，全方位、立体式展现铁画艺术的魅力，在国际和国内工艺品领域扩大品牌影响力。

3.加强人才培养，促进铁画技艺传承。

传承和创新是工匠精神的重要内容。芜湖铁画面临的从业人员减少的状况是影响铁画发展的一个重要原因，因此年轻人的培养显得尤为重要。

当前，我们要提高现有从业人员的知识储备和文化素养，使其掌握艺术创作的基本理论知识，引入高素质的铁画从业人才，为铁画创作向高精尖方向发展奠定基础。同时，应不断提高铁画艺术大师的地位，利用名人效应不断将铁画企业和品牌推向高端市场。

芜湖铁画企业要加强与高校、科研机构的合作，在高校开设专门课程教授基本的艺术理论知识和创作技艺，引导他们在继承传统技艺的基础上进行形式及题材的创新；引进高素质、高水平的艺术人才，利用科学的调查研究方法和科学合理的发展规划，及时掌握市场动态，对行业从业人员进行再培训，利用人才来发展自己。

当然，除上述不断强化自身软实力外，芜湖铁画的发展还需外在环境条件。如政府部门和社会监督部门要加强行业规范与市场监管，制定相关的鼓励扶持政策，激活市场需求；帮助铁画企业成立行业协会，加强知识产权保护，制定相关行业标准，实施从业人员资格认证、等级认证制度；加强市场监管，促进市场良性竞争等。只有内外因素有机结合，才能共同推动芜湖铁画的进一步发展。

6
金属配饰设计、制作范例

现代金属装饰形式丰富，种类繁多，主要包括金属壁饰、金属陈设、金属首饰、金属器皿，金属雕塑、建筑装饰、金属纪念品等几大类。

6.1 金属壁饰

壁饰是指装潢于墙壁上的饰物，即墙面装饰，是“壁”与“饰”的结合。浮雕是墙面装饰的主要形式之一。金属壁饰可用于装饰现代建筑室内外环境，小型壁饰主要用于装饰室内墙壁。常见的金属壁饰材料有铁、铜、不锈钢等，常用工艺有铸造和锻造两种。铸造工艺适用于批量化生产，而锻造工艺则具有强烈的手工艺特点。

铜浮雕《相望江湖》制作过程

（1）裁板 30 cm × 30 cm，加热。

（2）将绘制好的 27 cm × 27 cm 图稿，用复写纸拓印在退过火的铜板上。

（3）用小平头錾线定型。

（4）从背面用木錾子或木槌在沙袋上起大形，不断修整边缘。

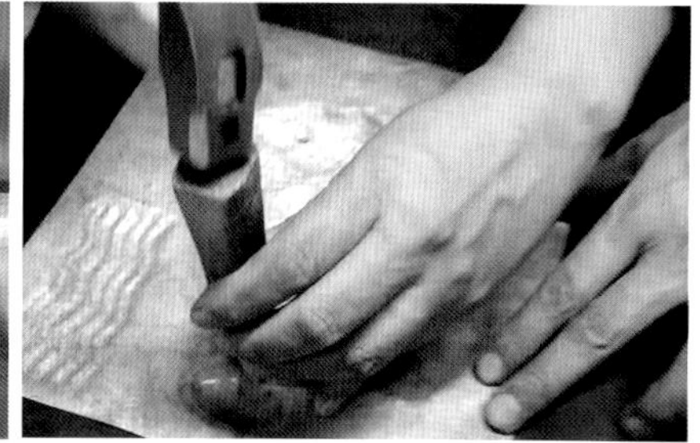

（5）从背面用金属錾子錾出较小起伏，基本形完成，不断翻动沙袋。

（6）上胶版，金属板凹面朝上，深入刻画。

（7）背面敲细致的小起伏，使线条与形体分明，形体以外的部分敲平。

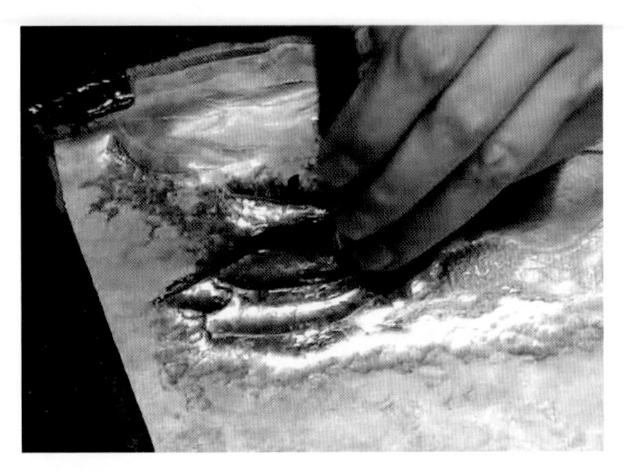

（8）敲打浮雕，敲掉树脂，烧掉残留胶。

（9）烧胶灌入凹面，翻过来，锻造正面的小起伏。重复（6）（7）（8）（9），至线体分明后，锻造表面肌理。

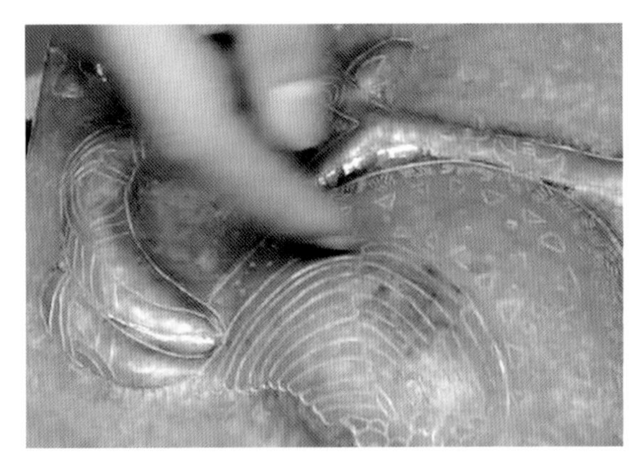

（10）烧掉残余胶后，敲平边缘。

（11）完成后放在稀硫酸溶液中清洗，晾干。再用硫化钠溶液擦洗浮雕多次，直至变黑，清洗掉多余的硫化钠液体，自然晾干，会产生凝重的青铜效果。用干布擦出高点部位，增加作品的层次感。最后，表面轻涂一层蜡，防止变色。

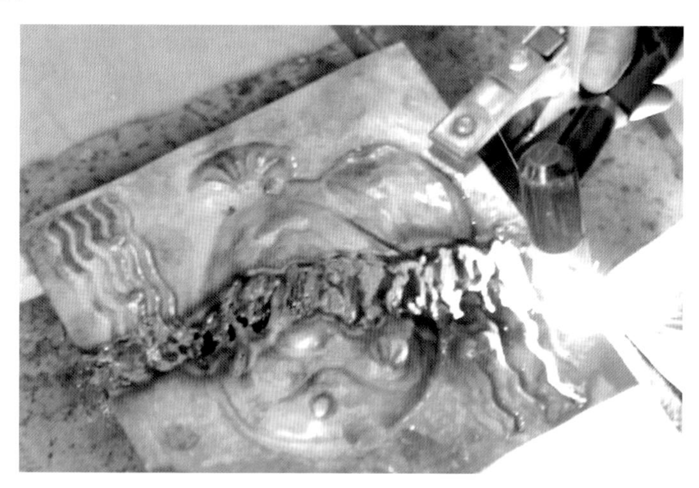

（12）整理，装框。

相望江湖

6.2 金属配饰创作实例

一、木纹金创作过程

（1）将材料表面打磨干净，或者用酸洗，然后按照自己想要做的花纹来排列金属片顺序。

（2）将其固定紧实。

（3）加热至900 ℃左右，停火。

（4）自然冷却后，即可进入后续加工环节。

（5）用布轮打磨光滑。

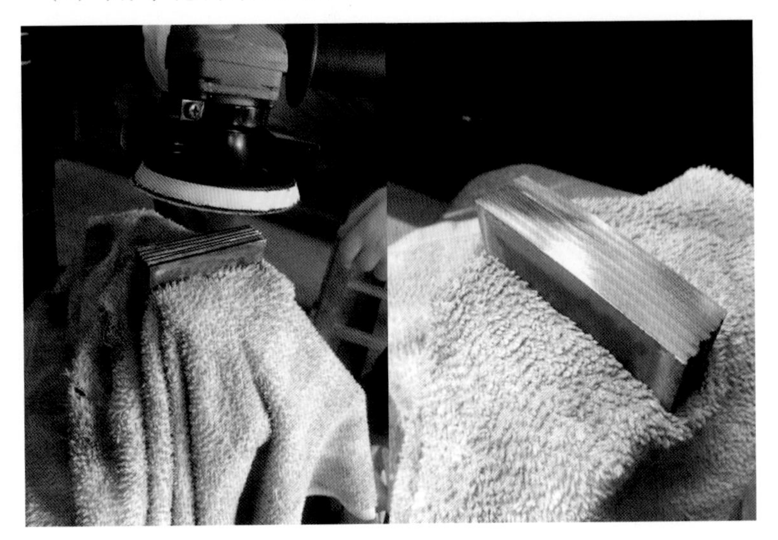

（6）用铁锤敲打，注意用力要均匀，防止四周翘起。

（7）用钻头在敲好的金属板上反复地刻出花纹。

（8）最后再经过反复过火、锤锞、碾压、雕刻等，制作出自己想要的效果。

（9）作品完成。

二、铜胎掐丝珐琅《互动》创作过程

（1）设计吊坠图。

（2）按设计图制作银底胎。

（3）在银胎背部施釉料，烧制背釉。

（4）按设计图用钢针在金属底胎上刻画描图。

（5）掐丝，用1 mm宽的铜丝，按设计图弯曲出图案，并粘在金属底胎上。

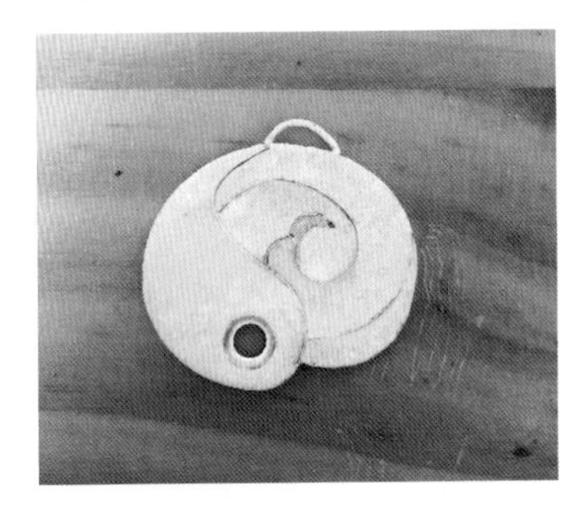

（6）在金属底胎上施底釉（白色半透明釉料）。

（7）用720 ℃高温，烧制珐琅件，烧至底釉流平。

（8）按设计颜色施釉料、晾干。

（9）再入炉烧制至釉料流平。重复步骤（8）（9），直到釉料高度与金属丝高度一致。

（10）用油石打磨珐琅件表面，从320目磨至2 000目，使珐琅表面平整、细腻、光滑。

（11）回火，将珐琅再次回炉短时间烧制，当珐琅表面熔化便快速取出，避免过烧。

（12）将金属丝磨光、镶石、配链，作品完成。

三、桌面陈设品《孔雀》的创作过程

（1）设计草图。

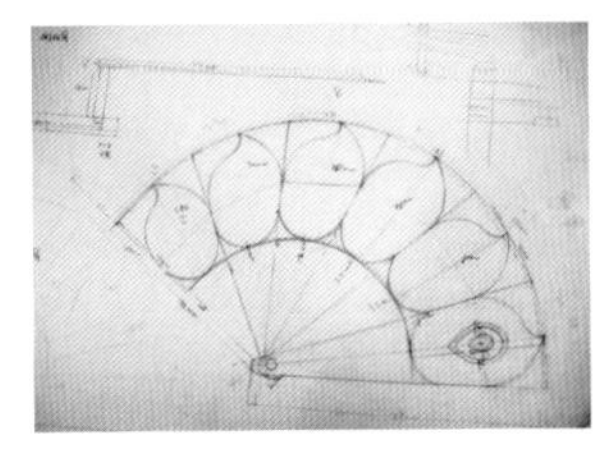

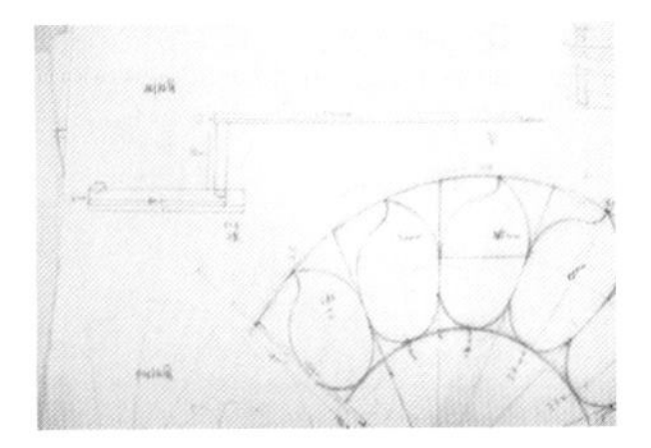

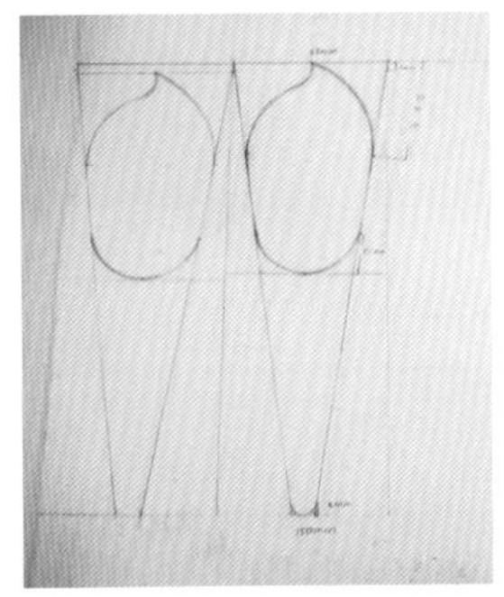

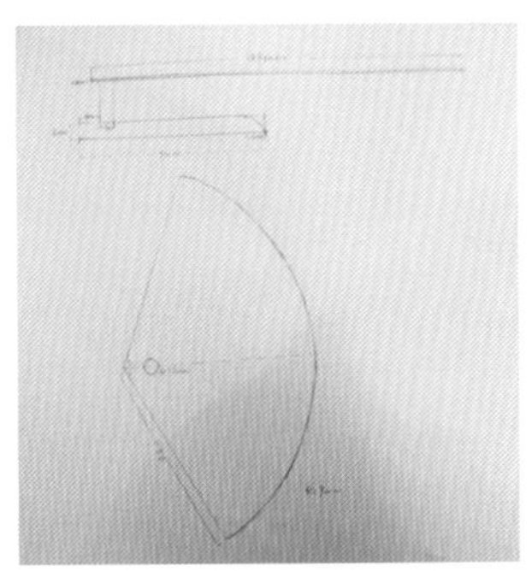

（2）根据设计图选择材质，切割、打磨。

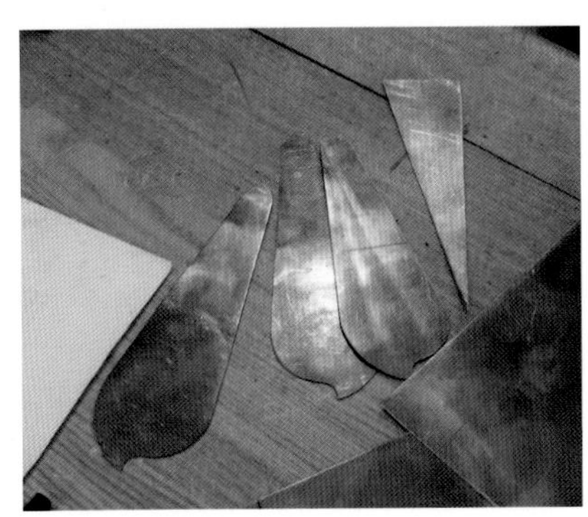

（3）修型。

（4）錾刻花纹的细节。

（5）零部件的选择和焊接。

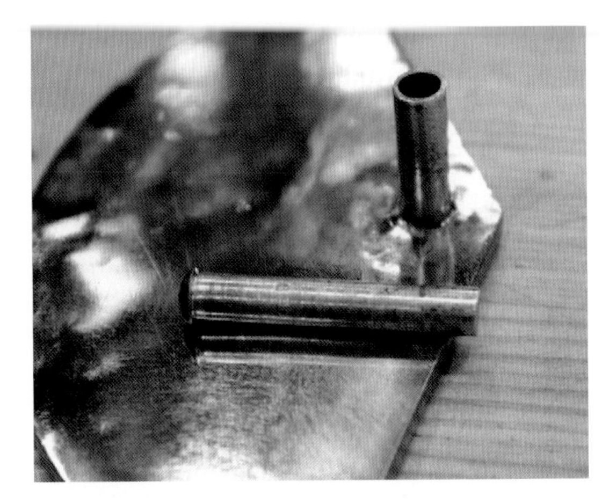

(6) 点缀件上涂珐琅釉料并烧制。

(7) 将零部件焊接、打磨、清理。

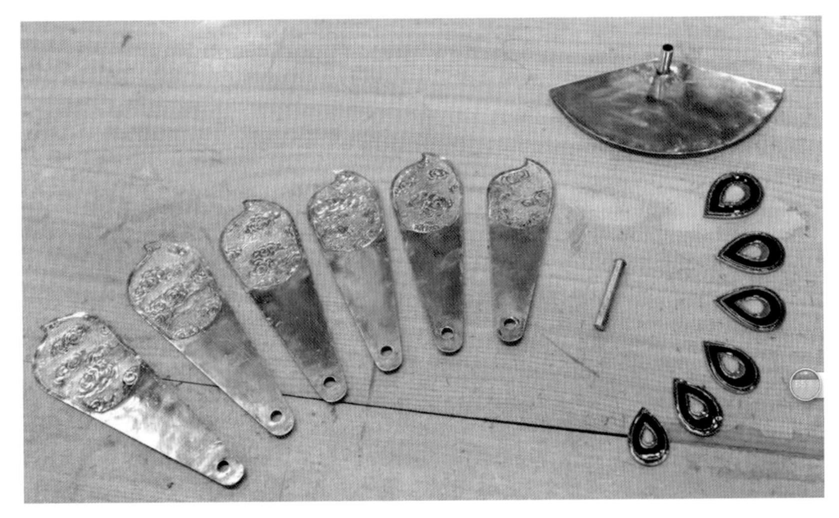

（8）组装成品。

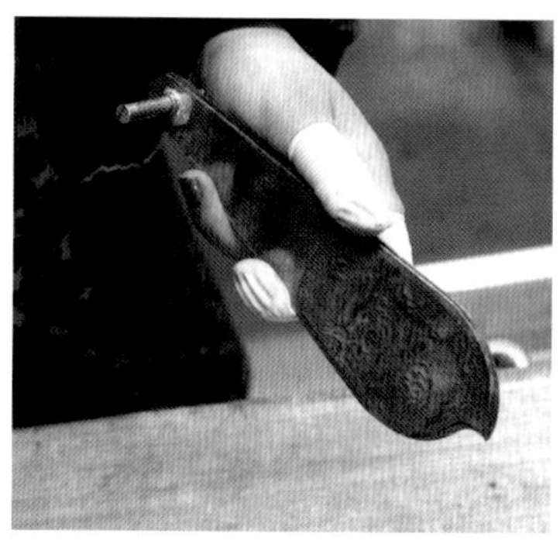
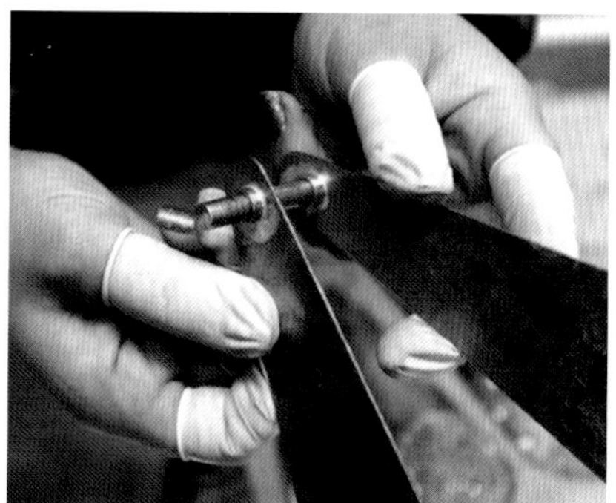

6.3 金属首饰

受当代艺术思潮的影响，首饰已不仅是单纯的身体装饰，也是艺术家传达思想或观念的物质载体。这种可佩戴、可移动的作品，可以近距离赏玩，一旦与艺术嫁接，则可表达对社会、人生的思考。

金属小挂饰的创作过程

（1）绘制设计图。

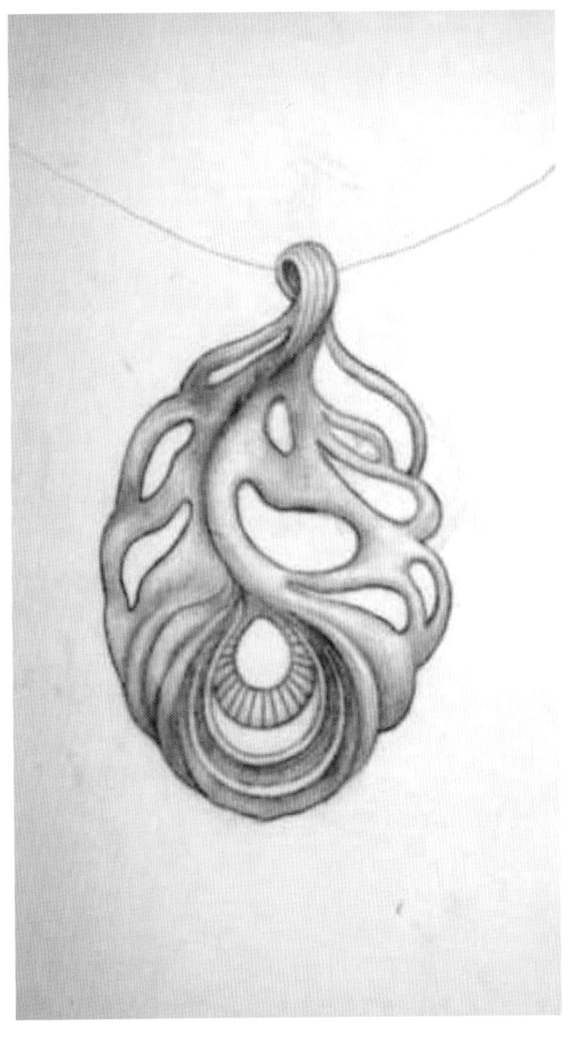

（2）制作蜡模。

（3）用电子秤称量蜡模，估计铜料量，需铜量为蜡模量的十倍左右。

（4）在蜡模上焊接水线，位置应选择在没有细节的地方，水线要短，避免很快冷却。

（5）固定模具，种蜡树。

（6）在模具外标注铜料的重量，避免模具过多而混淆出错。

（7）准备石膏。

（8）石膏抽真空。

（9）浇铸石膏，同时抽真空。

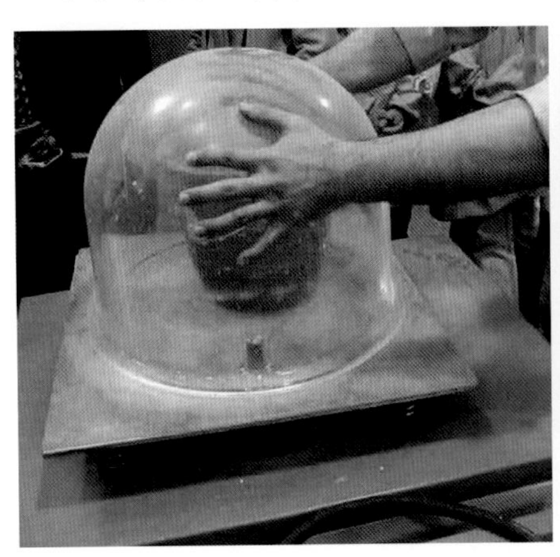

（10）凉透后，在烘干箱中烘干石膏模具。

（11）准备耐火土。

（12）取出石膏模具后，加热模具与铜料。一边加热石膏模具，一边加热铜料，使铜料全部变红后再浇铸。

（13）待铜料熔化成液体后，倒入热的石膏模具中，边倒边抽真空。

（14）待石膏和浇铸的铜水冷却，变暗红色后（约10分钟），夹住钢离石膏模具放入水中进行炸洗。

（15）把取出的铜树用水清洗，剪掉水线，将挂饰从树上剪下来。

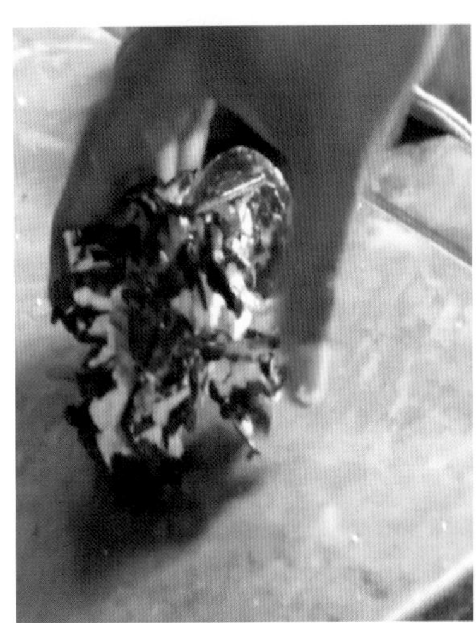

（16）修整挂饰，打磨、抛光，完成第一部分。

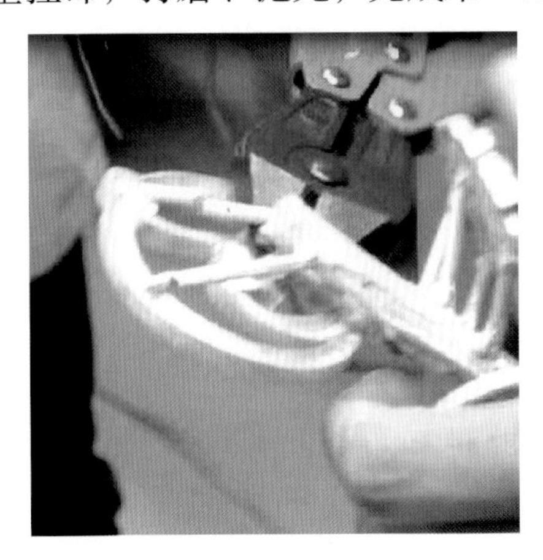

（17）将选择好的宝石进行镶嵌，先焊接镶口，再放入宝石，把宝石包住，完成作品。(可以选择爪镶、逼镶、包镶等方法)

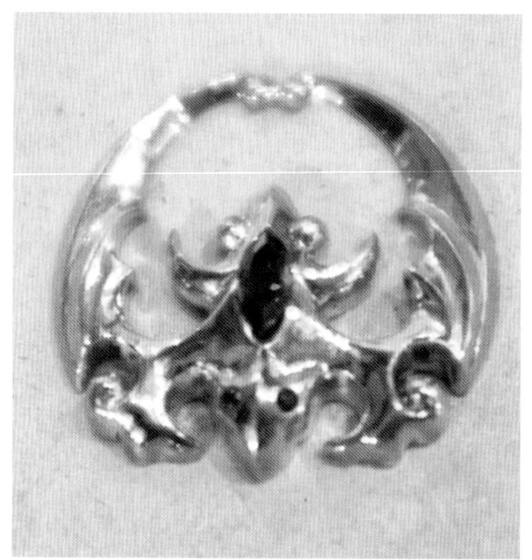

6.4 金属器皿

一、首饰盒的创作过程

（1）根据钢板孔形设计盒子，并将顶面和底面錾花、盒子的开合口、后期处理等设计好。

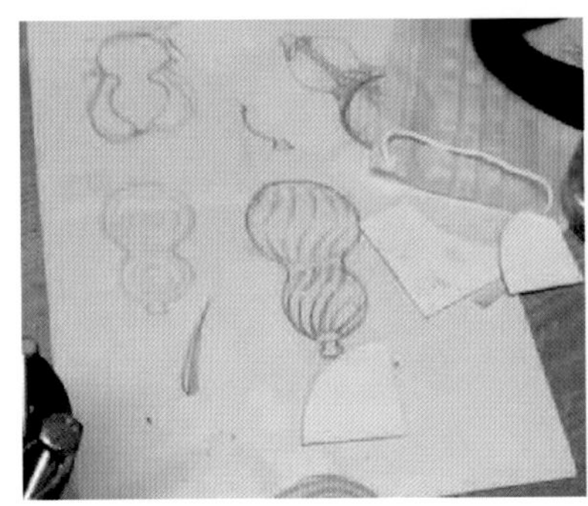
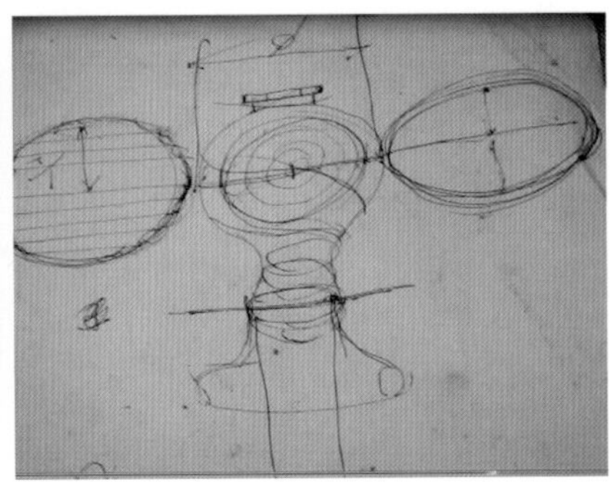

（2）剪裁铜板。根据钢板的大小裁剪两张一样大小的铜板。

（3）根据钢板的大小锯木板，并根据钢板中间孔洞的大小锯掉木板中间部分。

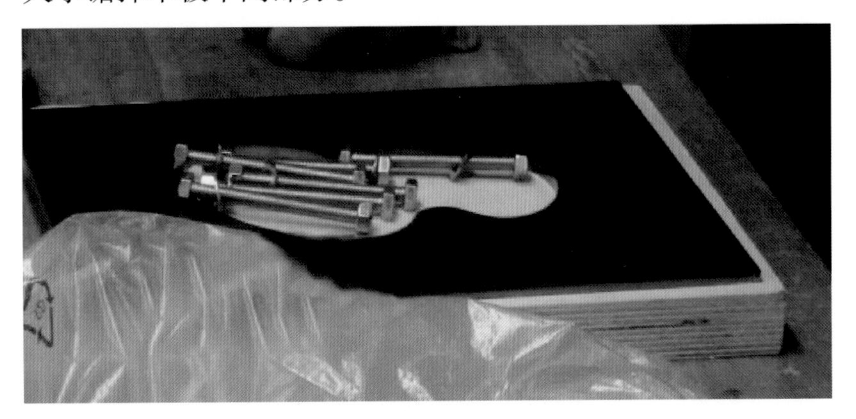

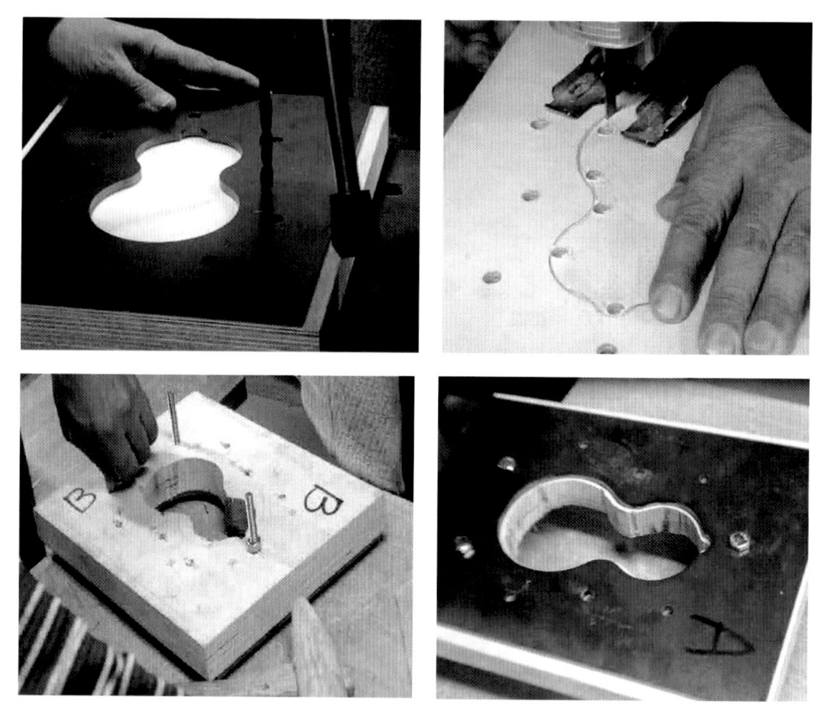

（4）锉掉木板中间多余的部分，让木头中间的孔和钢板的孔内边缘贴合紧密。

（5）根据钢板螺丝小孔，上台钻将木头的孔钻出来。

（6）将铜板淬火后放于钢板上，在铜板上钻螺丝孔，并装上螺丝。

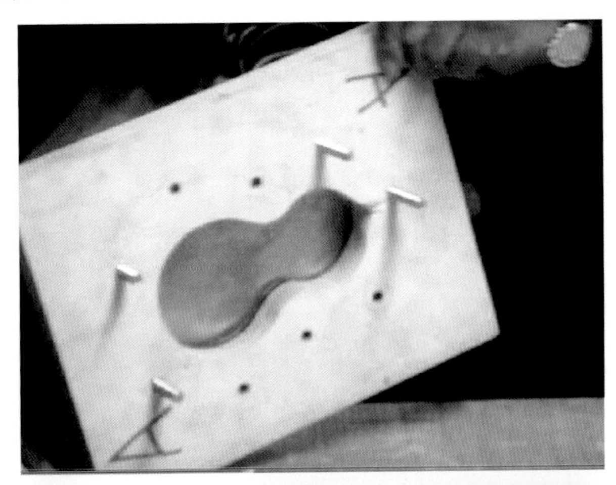

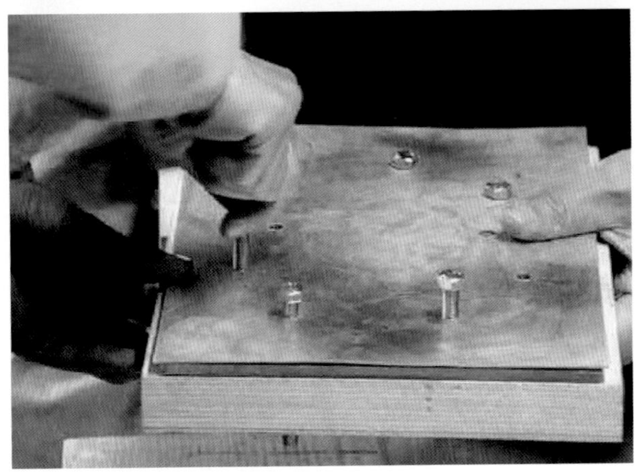

（7）垫上胶盒（防止损坏桌面），用木槌敲铜板使其呈大的起伏。

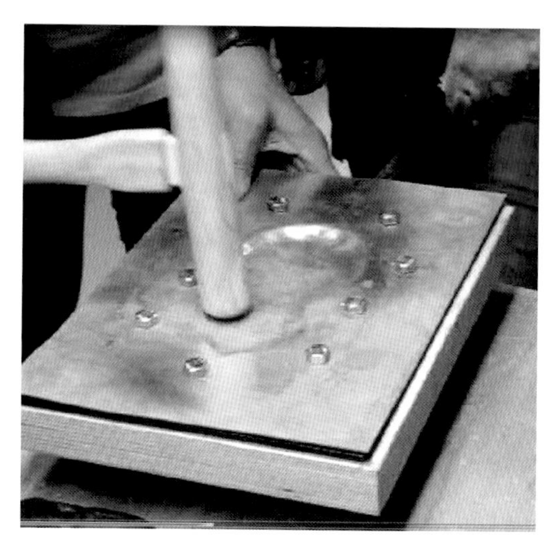

（8）淬火后用铁锤敲小起伏，并分清正反面敲打。

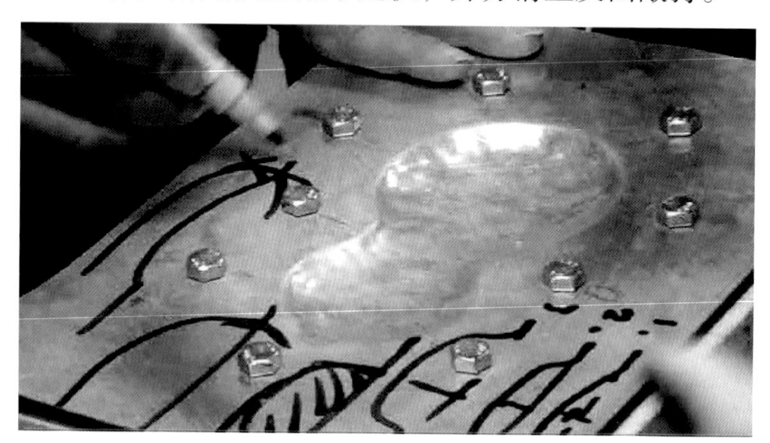

（9）收边以后将铜板沿孔边锯下来，并根据设计图将盒子的搭扣焊接上去或者铆接上去。

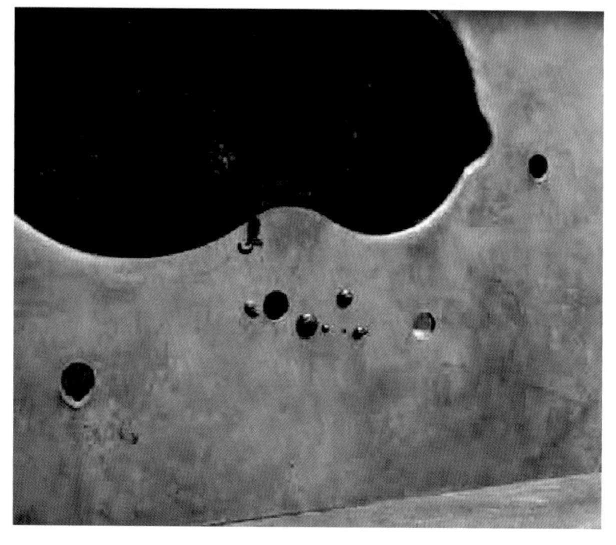

（10）进行后期着色等处理。

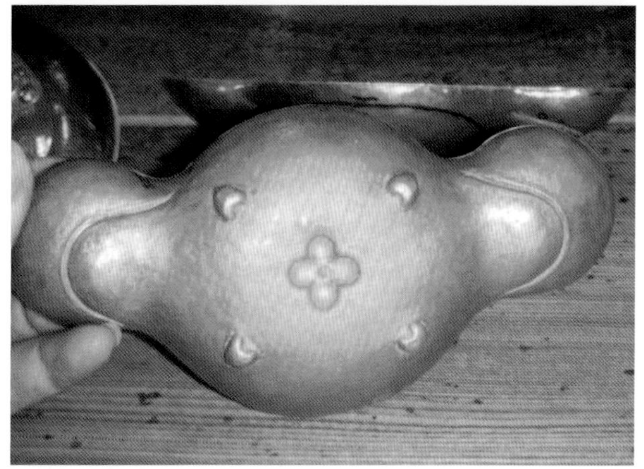

（11）作品完成。

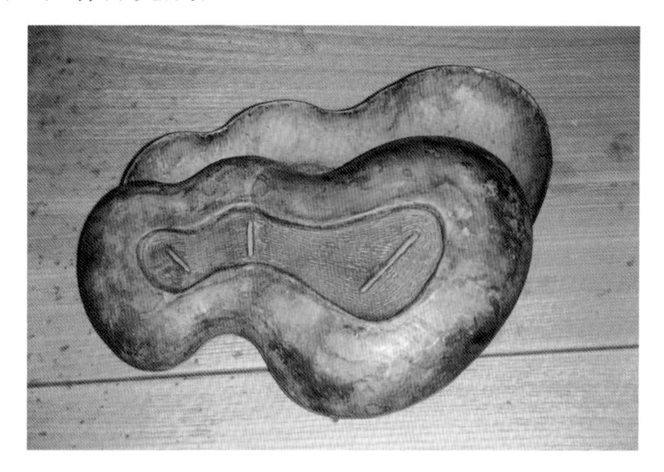

二、金属器皿《远古》的创作过程

（1）设计草图，根据设计图裁剪出大小合适的铜板。

（2）将裁好的铜板退火，然后在铜板上画同心圆。

（3）根据同心圆从里往外一步步用木槌敲大形，使铜板往里面凹。

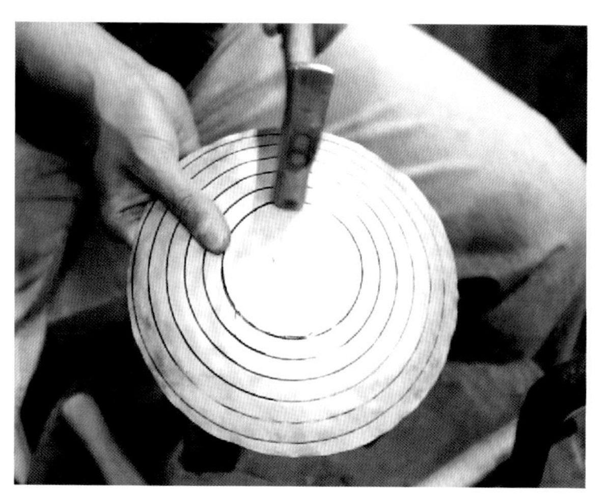

（4）再逐步用铁锤将凹形加深，敲一圈退火一次。

（5）重复步骤（4）10次左右。

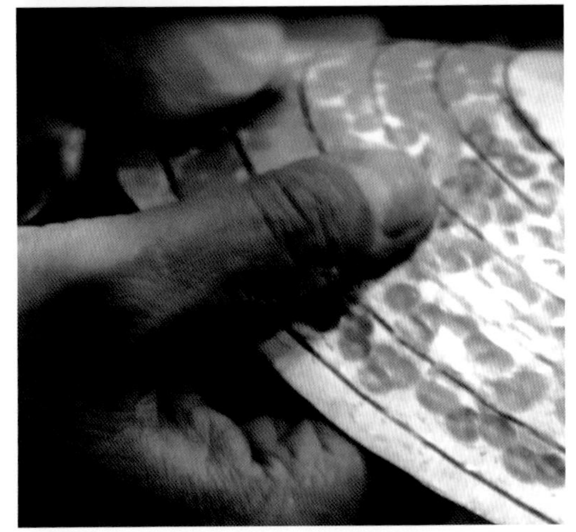

(6) 将底部敲平，收口、整理。

（7）做肌理，涂沥青。

（8）用三氯化铁溶液腐蚀铜，不需要的地方用沥青和油性笔涂饰，腐蚀10分钟，约1 mm深。

（9）在漆艺实验室进行固粉、贴蛋壳、刷漆等工艺。

（10）做漆，阴干。

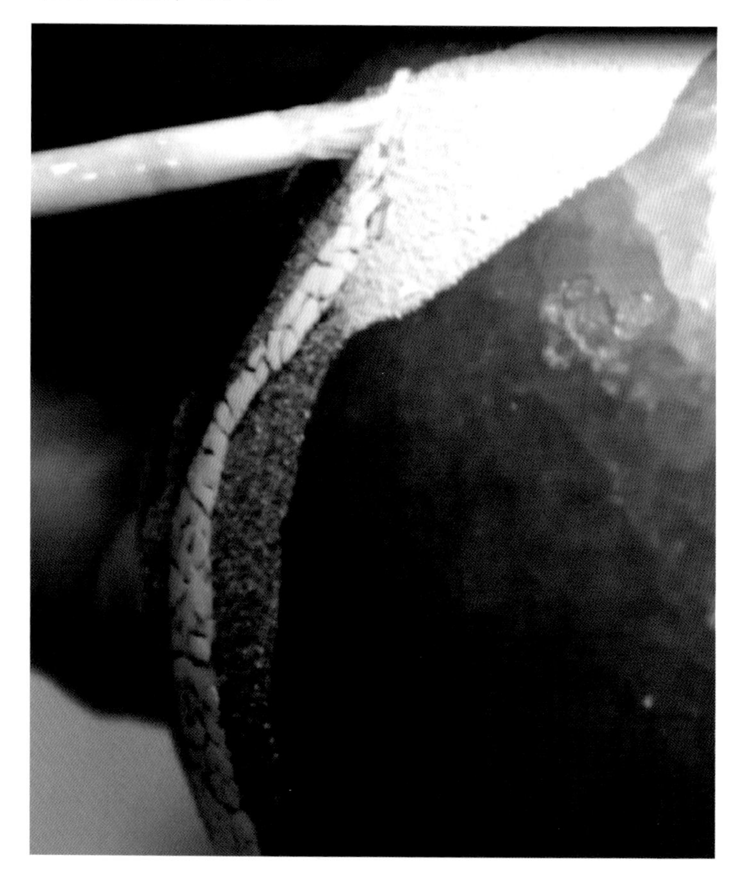

（11）打磨。

（12）作品完成。

7
作 品 欣 赏

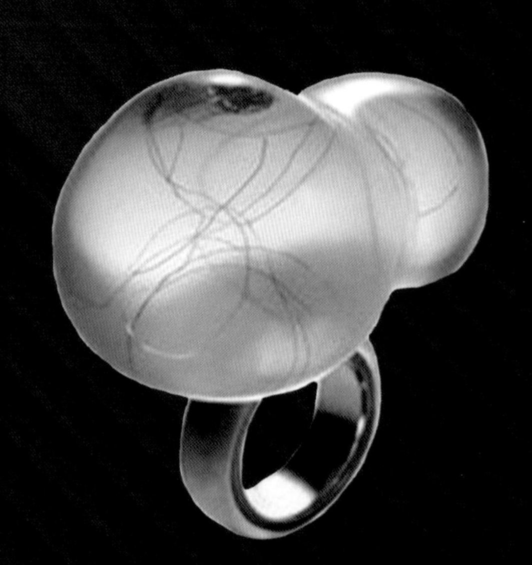

图7-1 有盖杯子（德国）

图7-2　铜山羊（法国宫廷艺术，16—17世纪）

图7-3　虎纹金牌（唐）

图7-4 莲叶伏龟金质对盘（唐）

图7-5　错金银虎头车马器（战国）

图7-6 锤锞铜鎏金天王像（15—16世纪）

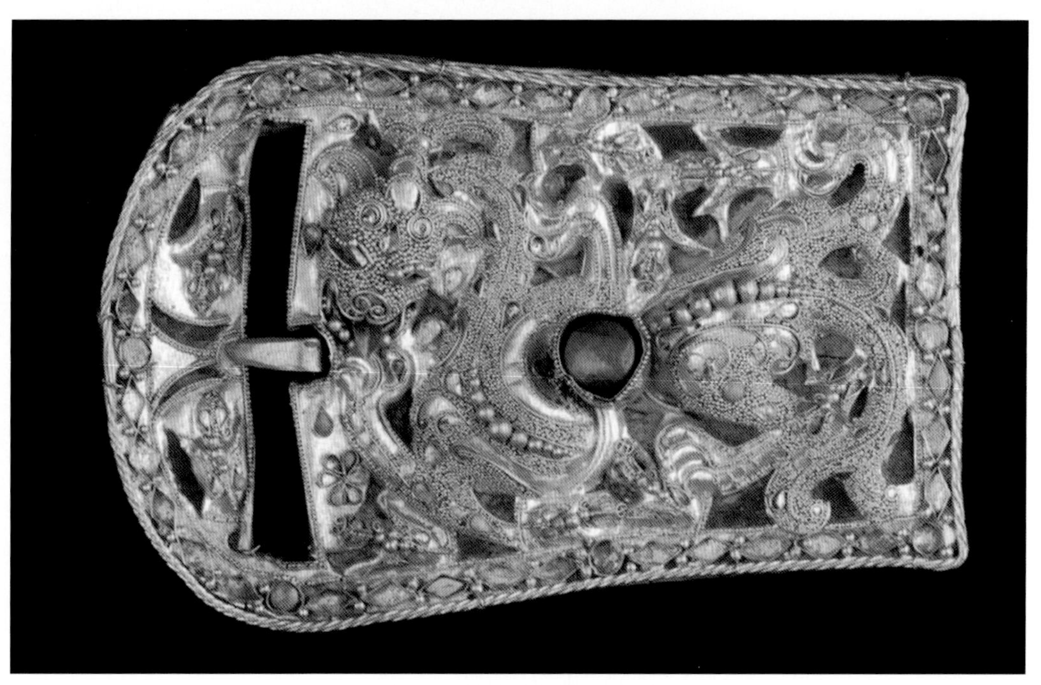

图7-7 螭龙纹金带扣（汉）

图7-8 精铸铜胎景泰蓝掐丝珐琅座龙凤花薰（清）

图7-9 银芙蓉（唐）

图7-10 唐绪祥作品1

图7-11 唐绪祥作品2

图7-12 鎏金镶嵌菱格纹铜壶（西汉）

图7-13　蟠螭蕉叶纹提链铜壶（西汉）

图7-14 错金镶嵌凤鸟衔环双连杯（西汉）

图7-15 骑兽人物博山炉（西汉）

图7-16 樱桃与汤匙

图7-17 银首人俑灯（西汉）

图7-18 凤鸟衔盘灯（西汉）

图7-19 铜辅首（西汉）

图7-20　错金银镶嵌豹镇（西汉）

图7-21　鎏金银蟠龙纹铜壶（西汉）

图7-22 王昱峰作品

图7-23 唐绪祥作品3

图7-24 唐绪祥作品4

图7-25 王雪莹作品1

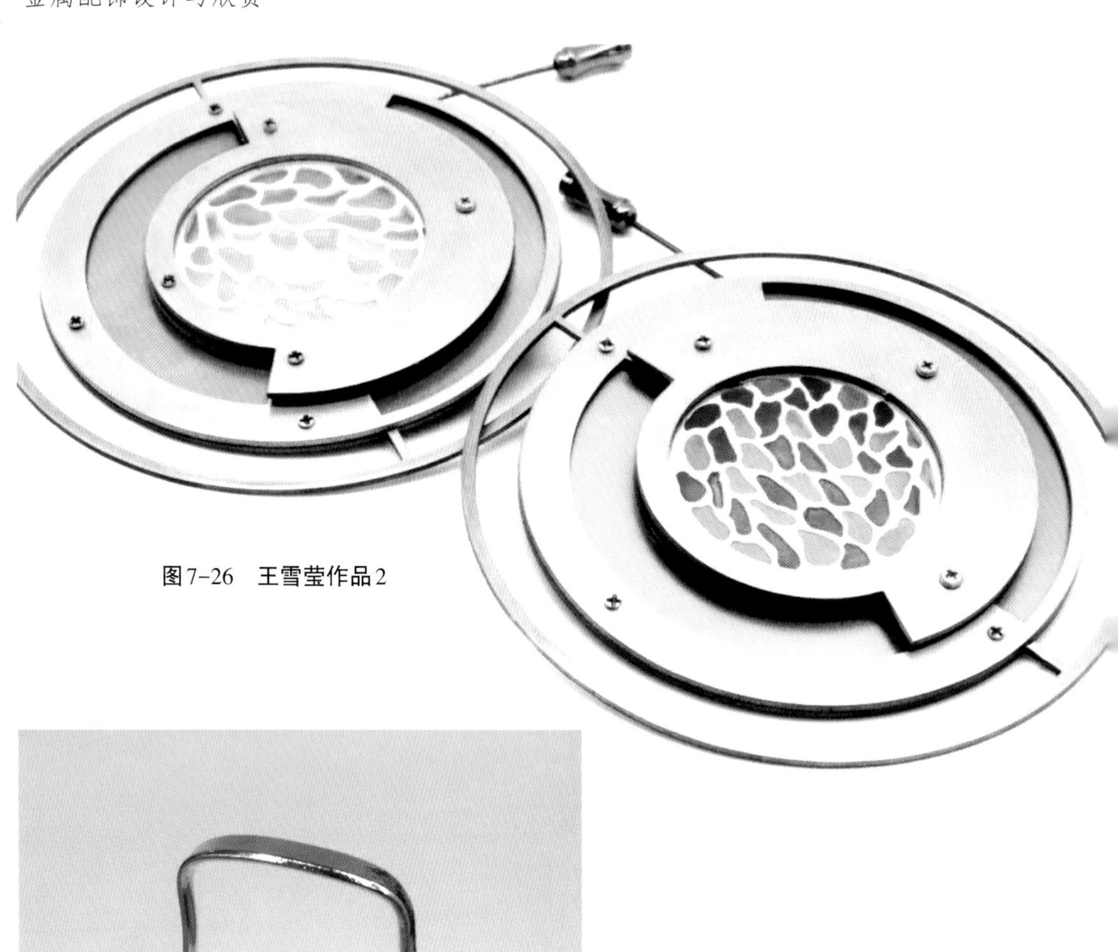

图7-26 王雪莹作品2

图7-27 唐绪祥作品5

图7-28　唐绪祥作品6

图7-29　折尊（西周早期）

图7-30 王克震作品1

图7-31 错金银犀牛（战国）

图7-32　吴佳恒作品

图7-33　徐道植作品（韩国）

图7-34　周尚仪作品1

图7-35 周尚仪作品2

图7-36　王克震作品2

图7-37　当代金属艺术作品1（英国）

图7-38 前田宏智作品1（日本）

图7-39　王晓昕作品1

图7-40　王晓昕作品2

图7-41 王晓昕作品3

图7-42 当代金属艺术作品2（中国）

图7-43 当代金属艺术作品3（中国）

图7-44 曹颜作品

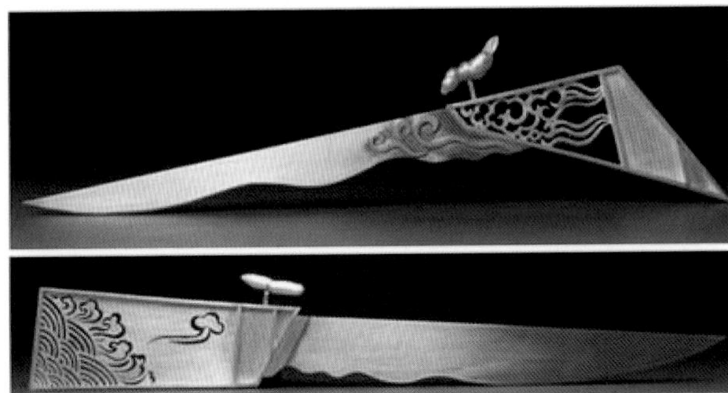

图7-46 当代金属艺术作品5（日本）

图7-45 当代金属艺术作品4（日本）

图7-47 当代金属艺术作品6（日本）

图7-48 当代金属艺术作品7（日本）

图7-49 当代金属艺术作品8（日本）

图7-50 前田宏智作品2（日本）

图7-51 当代金属艺术作品9（日本）

图7-52　当代金属艺术作品10（日本）

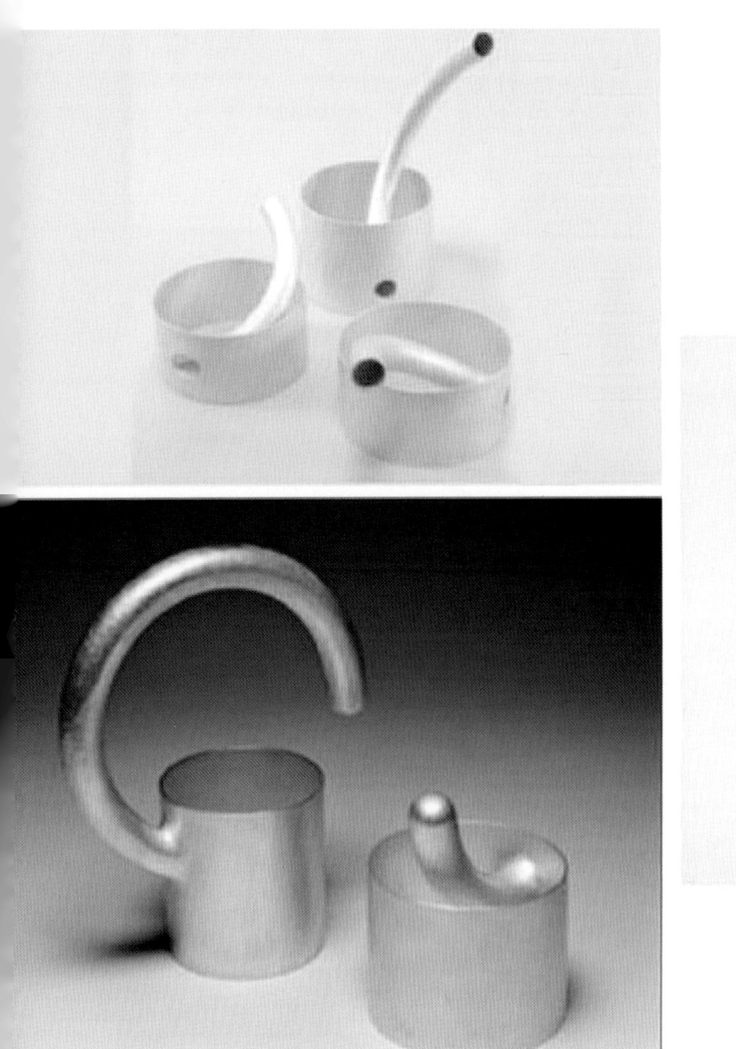

图7-53 山田瑞子作品（日本）

图7-54 当代金属艺术作品11（日本）

图7-55 当代金属艺术作品12（日本）

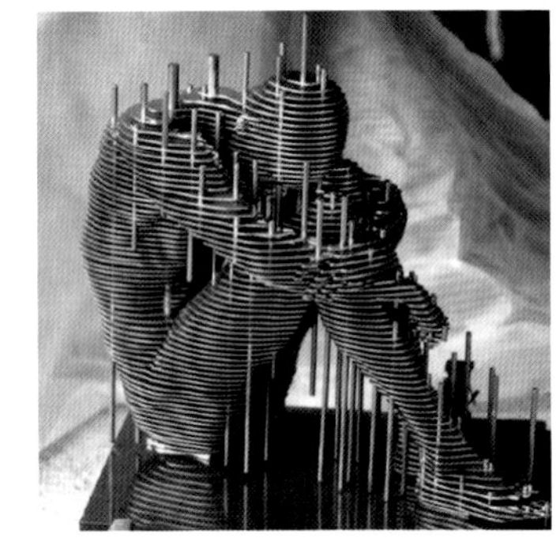

图7-56 当代金属艺术作品13（韩国）

图7-57 王千钧作品

图7-58 当代金属艺术作品14（韩国）

图7-59 当代金属艺术作品15（韩国）

图7-60　当代金属艺术作品16（韩国）

图7-61 当代金属艺术作品17（韩国）

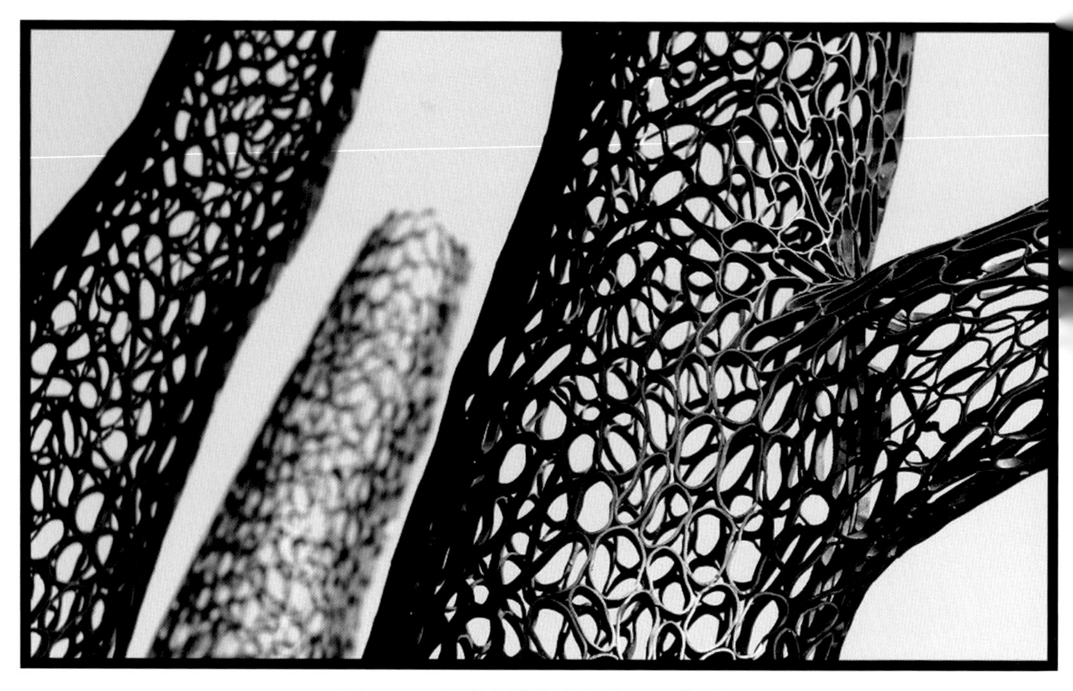

图7-62　当代金属艺术作品18（韩国）

图7-63　当代金属艺术作品19（韩国）

图7-64 当代金属艺术作品20（韩国）

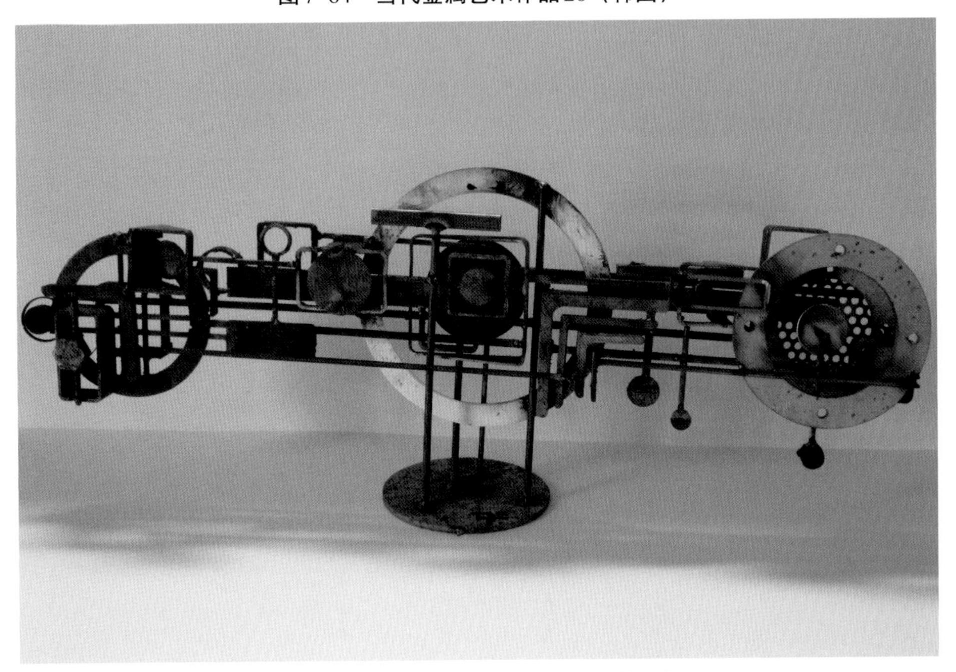

图7-65 当代金属艺术作品21（韩国）

图7-66　当代金属艺术作品22（韩国）

图7-67　当代金属艺术作品23（法国）

图7-68　当代金属艺术作品作品24（法国）

图7-69　圆明园十二生肖头像之马首（清）

图7-70 郭新作品1

图7-71　郭新作品2

图7-72　郭新作品3

图7-73 郭新作品4

图7-74 郭新作品5

图7-75 郭新作品6

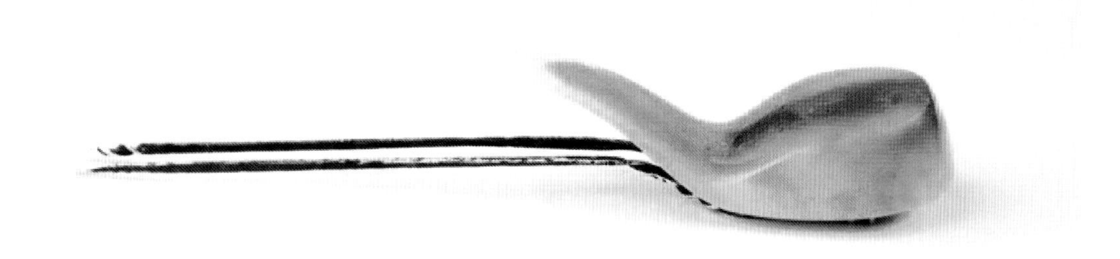

图7-76　张媛圆作品

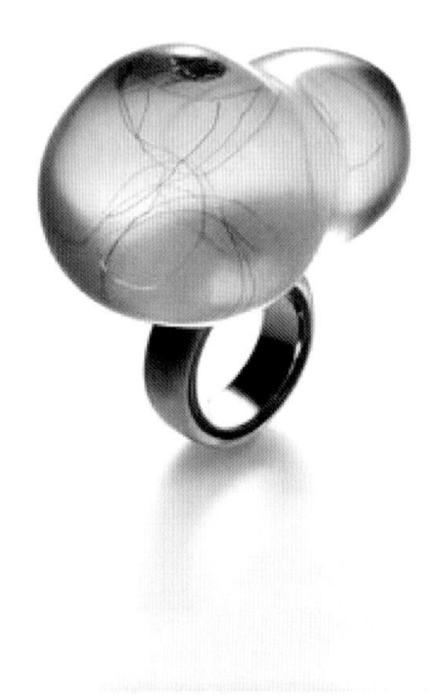

图7-77　滕菲作品1

图7-78 滕菲作品2

图7-79　滕菲作品3

图7-80　滕菲作品4

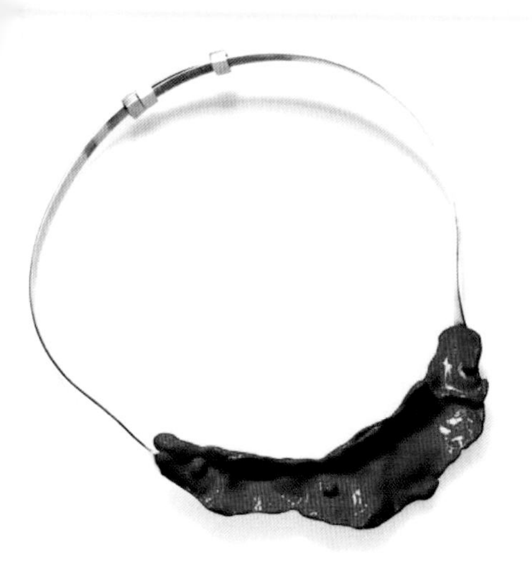

图7-81 滕菲作品5

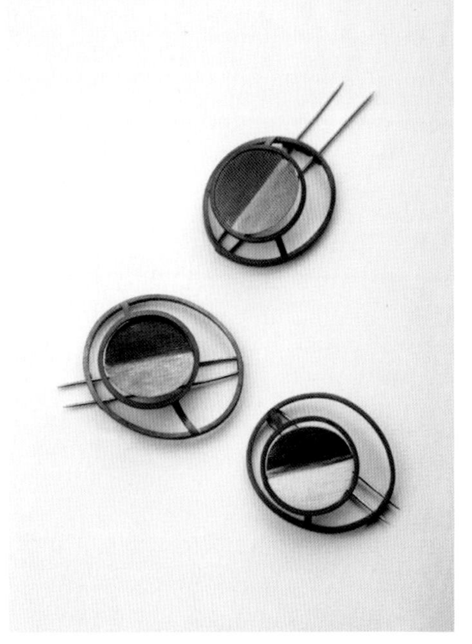

图7-82 滕菲作品6

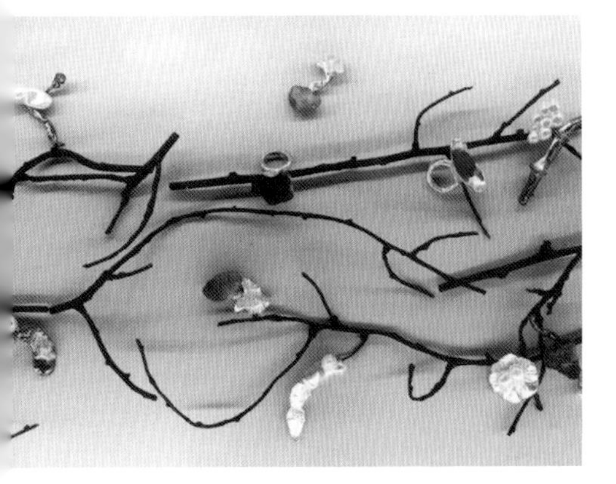

图7-83 滕菲作品7

图7-84 邹宁馨作品1

图7-85 邹宁馨作品2

图7-86 邹宁馨作品3

图7-87 邹宁馨作品4

图7-88　邹宁馨作品5

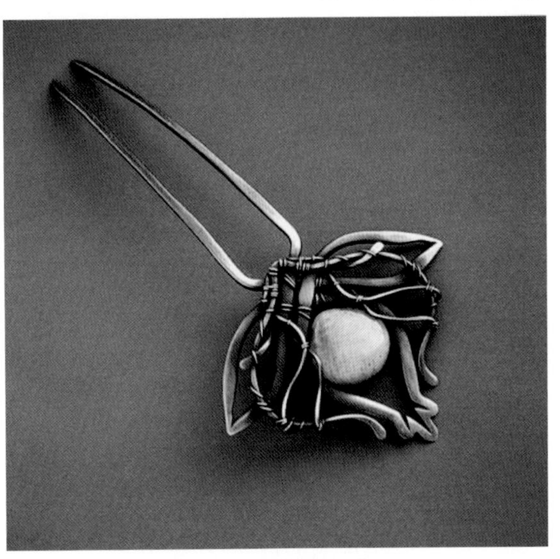

图7-89　邹宁馨作品6

图7-90　邹宁馨作品7

图7-91 张晓青作品

图7-92 崔海林作品

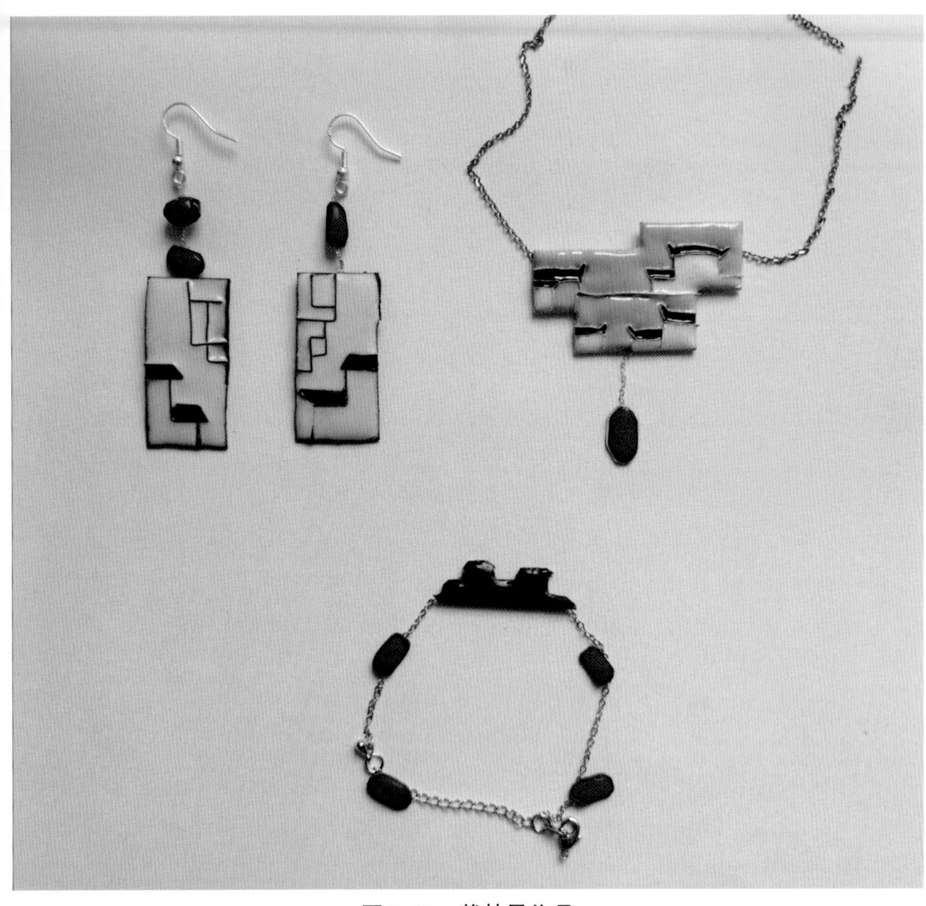

图7-93 戴梦晨作品

图7-94 高永作品

图7-95　周尚仪作品3

图7-96　中山王铁足大铜鼎（战国）

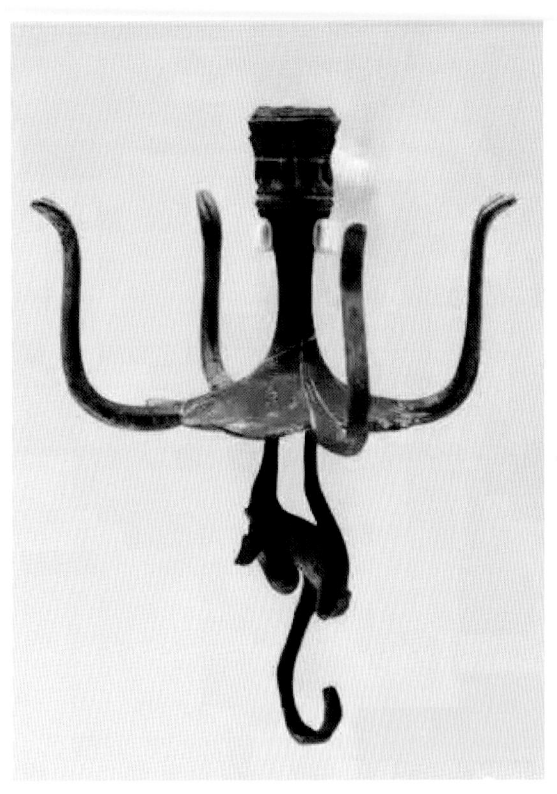

图7-97　帐钩（西汉）

图7-98　斯特拉作品（美国）

图7-99　劳森伯格作品（美国）

图7-100　坦凯维奇作品（美国）

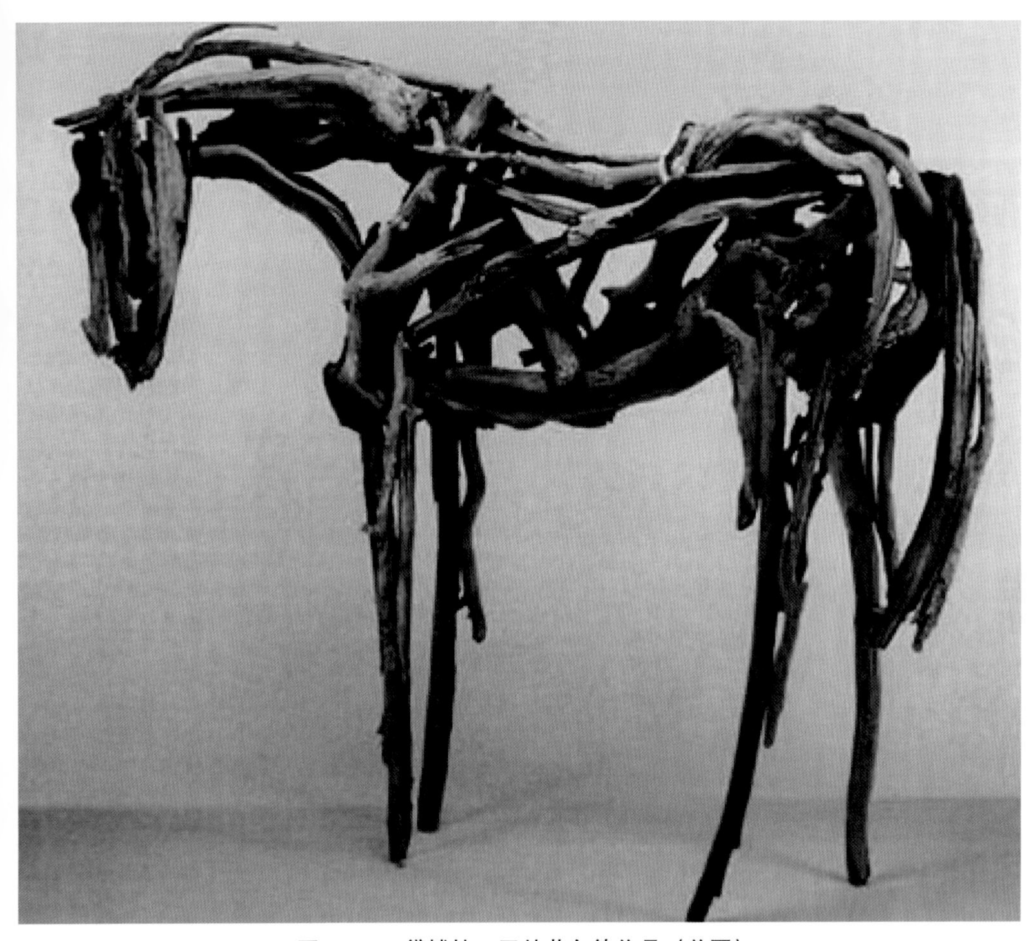

图7-101 黛博拉·巴特菲尔德作品（美国）

主要参考文献

[1] 奥利弗·安德鲁.雕塑家手册——生动的材料［M］.孙璐，编译.桂林：广西美术出版社，2006.

[2] 朝仓直巳.艺术——设计的平面构成［M］.林征，林华，译.北京：中国计划出版社，2000.

[3] Design-Ma-Ma设计工作室.当代首饰艺术：材料与美学的革新［M］.北京：中国青年出版社，2011.

[4] 冯远，苏丹，林乐成.中国当代金属艺术展［M］.北京：中国建筑工业出版社，2013.

[5] 郭亚男，崔齐，高华云.艺术设计专业基础教程 现代金属装饰艺术［M］.沈阳：辽宁美术出版社，2012.

[6] H.H.阿纳森.西方现代艺术史·80年代［M］.曾胡，等译.北京：北京广播学院出版社，1992.

[7] H.H.阿纳森.西方现代艺术史［M］.邹德侬，巴竹师，刘珽，译.天津：天津人民美术出版社，1994.

[8] 金克斯·麦克格兰斯.英国珠宝首饰制作基础教程［M］.蔡璐莎，张正国，译.上海：上海人民美术出版社，2010.

[9] 孙景荣.实用焊工手册［M］.北京：化学工业出版社，2007.

[10] 孙璐.玩铁——直接金属雕塑［M］.北京：人民美术出版社，2005.

［11］孙璐．直接金属雕塑［M］．石家庄：河北教育出版社，2007.

［12］王晓昕．现代金属雕塑［M］．北京：清华大学出版社，2015.

［13］许柏鸣，薛坤，任仲泉．材料的魅力——当代家具设计 金属家具［M］．南京:东南大学出版社，2005.

［14］周尚仪．金属工艺［M］．长春：吉林美术出版社，1996.

［15］周尚仪，石京生．互动·创新——2011国际金属艺术展作品集［M］．北京：人民日报出版社，2011.

［16］周尚仪，石京生．跨界·实验——2013国际金属艺术展作品集［M］．北京：中国书店，2013.

［17］赵丹绮．玩·金·术（2）：金工创作进阶［M］．上海：上海科学技术出版社，2018.

后 记

本书从动念到成书历时三年，几经波折，皆因自己的惰性和不自信，而今丑媳妇终究要见公婆，权当了却笔者多年的夙愿。

工业化生产背景下的金属配饰设计与制作更多的是机械化、流水线作业，且由于第一手资料匮乏以及金属配饰种类繁多，写作难度较大。虽然有一些参考文献，但大多是工业制造或机械加工方向。国内金属配饰企业多为小规模、作坊式，设备和水平参差不齐，没有系统的设计生产规范，因此收集较为完整的第一手资料相当艰难。

感谢访学期间周尚仪老师、唐绪祥老师、王晓昕老师对我的指导与帮助；感谢韩国首尔大学徐道植教授以及所有提供作品图片的金属艺术家们；感谢我的同学中南林业科技大学李玉琴老师对本书提供的帮助；感谢我的同事张晓青、葛圣胜两位老师，他们的课程实践成果充实了本书的内容！感谢安徽师范大学出版社的大力支持使这本书得以顺利出版。

限于作者水平及现代金属工艺发展之迅速，书中难免有错误和疏漏之处，恳请读者批评指正，以便及时改进、完善。

王愿石

2021 年 4 月